U0073480

國際廚娘的

International Professional Cook Mom S & Banana

終極導師

小S與芭娜娜的生活風格料理書

寫部落格的初心純粹只為傳遞一個回家吃飯的概念，餐桌對我來說並不只是餐桌如此單純，它其實扮演凝聚家人好友情感的重要角色，我常覺得它應該位於家裡最重要的位置，我們一家人的生活因圍繞著它而豐富而快樂，我認真準備也滿心期待每一次在餐桌的相聚時光，並且深信跟心愛的人一起同桌共食，讓味覺與記憶編織纏繞才是讓料理更加美味的不二法門。

剛開始只是隨興地把餐桌氛圍分享給大家，後來因為詢問食譜做法的朋友多了，我就慢慢把它寫進部落格裡，單純希望能影響更多朋友，讓更多人每天樂於回家做飯也期待回家吃飯。

自家餐桌的料理有機會集結成這本書完全要感謝熙娣的鼓勵與推薦，每次表姐妹聚會她總毫不吝嗇讚美我的餐桌布置、我做的菜，然後為了家人她也開始學做菜，大明星無比虛心地詢問每個做菜的小細節，然後手抄成食譜按部就班照著做，三杯雞、馬鈴薯燉肉、鮭魚炊飯、海鮮焗飯……每每一試達陣，屢獲家人讚賞，她說我教得好，其實我覺得她是真有天分啊～

跟熙娣的合作是一個愉快而有趣的經驗，也是將多年來寫的部落格集結成書的概念，書名有點言過其實來自熙娣的點子，大家可以忽略不去管它，之所以沒有修改或調整完全是表姐的私心（笑），能在大明星心中有這樣一方位置，對我最熱愛的廚事有極大的鼓勵，也是催化自己繼續追求餐桌美好的動力。書裡沒有厲害的技巧、高段的功夫，只有我用心反覆操作深獲家人、朋友喜歡的食譜，吃飯這件事誰都不想複雜，新鮮的食材、隨手可得的調味料、簡單的烹調方式，是讓餐桌日日不輟的秘訣。

有我對餐桌布置的小心得、生活道具的選擇、擺盤的方式與配色，讓餐桌日日美好的分享。

感謝皇冠文化集團讓我有機會藉這本書傳達追求美好生活的理念與體會，希望書裡的食譜有幸躍上妳（你）的餐桌，或是在家庭聚會時提供妳（你）一些意見，希望妳（你）們喜歡，也衷心期待大家的參與～

芭娜娜 *2016.08*

Dee's Menu

今年我（從3月開始受阿梅姊家的雞湯影響~）開始愛上作菜ㄋ！

因為我親愛的女兒們

超級捧場 每作完一道

菜 or 飯 or 湯 他們都會

都吃光光 而且讚讚的說

「好好吃哦！」我真的好

有成就感 and I love them

so much~ 我會一直做

下去!!! 2015.3.8 開始紀錄

小S *2016.08*

目 錄
CONTENTS

海鮮 SEAFOOD

沙拉、開胃菜、湯品與配菜 SALAD,APPETIZER,SOUP,GARNISH

甜點 DESSERT

我～要～開～始～了～

婚前的芭娜娜極少下廚，但卻常常在廚房外面欣賞媽媽做菜的功夫，邊煮邊備料，爐上煎著魚，水龍頭下沖洗著蔬菜，砧板兜兜切蔥、剁蒜，厚敦敦的身影一點也不慌亂，總能在短時間內上足六人份的美味飯菜，在我心裡她比奧利佛還俐落、率性，是我最崇拜的廚房女神(猶勝奈潔拉啊)。

婚後擁有自己的廚房舞台開始掌握一家人的吃食，我理所當然效法著媽媽的做法，但卻發現自己完全不是那塊料，老是手忙腳亂、事倍功半不打緊，還常常把廚房搞得跟炸彈轟過一般(暈~)，原來這邊煮邊備料是需要深厚的功夫底子啊～後來也只能摸摸鼻子選擇老公給的建議，先把大部分的食材備好，根據自己的節奏一步一步來，這才真正體會到下廚的律動與樂趣。

現在我很迷戀烹調前的備料工作，把所有食材整齊擺在檯面上是美麗的拼圖，給自己倒一杯紅酒是儀式，昭告著【我～要～開～始～了】～

本書中材料的使用分量：
1杯＝240ml ／ 1大匙＝15ml ／ 1小匙＝5ml

主食 STAPLE

肉醬義大利麵

好友說她極羨慕我常常餐桌上兩三道菜便能餵飽家人，想是她的餐桌日日豐盛卻備覺壓力有感而發，職業婦女如我們，對於廚事要維持日日不輟已屬難能可貴(快快給自己拍拍手)，能夠找出簡單快速、營養均衡而又美味不減的方法是減輕壓力必須修習的功課，假日或空檔時預先燉上一鍋香馥馥的義式肉醬，週間晚餐煮個義大利麵、做一道喜歡的沙拉，輕輕鬆鬆便能幸福地坐下來享用成果。

材料｜

義式肉醬

豬絞肉 300 克

牛絞肉 300 克

洋蔥(小型)切碎 1 顆

蒜頭切碎 3 瓣

培根片 4 片切小片

漢斯番茄 sauce 1 罐 450 克

可果美整粒番茄 1 罐 400 克

月桂葉 1 片

紅酒 200ml

橄欖油 2 大匙

鹽適量

黑胡椒適量

砂糖適量

做法｜

1. 平底鍋倒進橄欖油熱鍋後，入蒜碎煎至微黃，續入洋蔥碎拌炒至香氣釋出呈微微透明狀。
2. 接著把培根片加入一起拌炒至油脂釋出，然後把豬、牛絞肉也倒入拌炒。
3. 炒至絞肉顏色變白後倒入約 50ml 的紅酒，略翻炒至收汁。
4. 把番茄 sauce、整粒番茄、月桂葉和剩下的紅酒全部倒入鍋中，煮至大滾。
5. 轉小火慢燉約 40 分鐘，中途要不時翻攪一下以免燒焦，試試味道，最後以砂糖、鹽及黑胡椒調整味道即完成肉醬。

TIPS

1. 大鍋煮水，待水滾後投入鹽巴，把義大利麵照包裝上的時間煮熟，麵撈起後拌入些許初榨橄欖油以免沾黏。
2. 義大利麵盛盤後澆淋肉醬，也可以刨上適量的帕馬森 cheese，拌勻後就大口享用吧！

煙花女義大利麵

酸鹹噴香，味道奔放有層次，口味強烈是煙花女義大利麵的特色。Puttanesca 源自 Puttana，在義大利文中意指風塵女郎，名稱來源最常聽到的說法有兩個，一說是它的香氣和五味雜陳的味道，讓人聯想到風塵女郎的身世，另一說是風塵女郎隨手拿身邊有的材料做出來的菜餚，放在窗口吸引尋芳客，所以可想而知材料非常容易取得，鯷魚、酸豆、黑橄欖是這道菜的靈魂，剛開始芭娜娜參考了奧利佛的食譜習做，之後便依照家人喜好進而演繹出自家風味的版本。

材料｜

義大利麵 3 人份

愛之味鮪魚片 1 罐
把油瀝乾

油漬鯷魚 4 片

酸豆 1 小匙切碎

去核黑橄欖 6 顆對切

整粒番茄罐頭
1 罐 400 克
把番茄隨意切碎

巴西利 1 小把
去莖取葉切碎

大蒜 4 瓣切碎

肉桂粉適量

檸檬半顆

橄欖油 3 大匙

黑胡椒適量

鹽適量

做法｜

1. 煮滾一大鍋水加入一撮鹽，依照包裝上煮麵時間減少 2 分鐘來煮麵。
2. 平底鍋以橄欖油加熱後入蒜頭煎香，續入鮪魚、鯷魚、黑橄欖拌炒。
3. 接著倒入番茄攪拌均勻，並加入一半的巴西利碎煮約 5 分鐘。
4. 麵煮好瀝乾後倒進煮醬的平底鍋裡，充分攪拌 2 分鐘（做法 1. 保留的 2 分鐘煮麵時間），依個人喜好擠入適量檸檬汁、撒上肉桂粉、黑胡椒，試試味道做最後調整，有需要就加些煮麵水稀釋，倒進盤子裡，撒上剩下的巴西利就可以端上桌了。

培根蛋奶義大利麵

因為孩子們實在太愛義大利麵，為求餐桌上的變化我總會想方設法來點新鮮的花樣，而且特別喜歡挑戰他們不敢吃的食材，小弟非常恨蛋，除了滷蛋之外一概拒吃，這是我用他特愛的培根與特討厭的蛋所做的，大概是極愛與極恨平衡了他的味覺，有時候他還會主動要求這道麵食呢 !!!

材料 |

義大利麵 3 人份

培根 6 片

洋蔥半顆

蒜頭 3 瓣

蛋黃 3 顆

動物性鮮奶油 200ml

磨碎帕瑪森 cheese 適量

黑胡椒適量

鹽適量

切碎洋香菜葉適量

做法 |

1. 義大利麵用加了鹽的水煮約比包裝上標示的時間少 2 分鐘，瀝乾備用。
2. 培根切段，洋蔥切丁，蒜頭切碎或切片，鮮奶油與蛋黃混合攪拌均勻備用。
3. 平底鍋加熱後入培根煎香逼出油來，續入蒜頭煎香。
4. 把洋蔥丁加進來拌炒至香氣釋出呈微微透明狀。
5. 把煮好的義大利麵倒進來並加入適量煮麵水拌勻，以黑胡椒跟鹽調味，前後約 2 分鐘。
6. 熄火，把蛋奶醬緩緩倒入拌勻，如太乾可適量再加入煮麵水。
7. 試試味道，用鹽跟黑胡椒調整，然後盛盤撒上洋香菜葉，食用前撒上帕瑪森 cheese。

明太子海膽鮭魚卵天使細麵

Pasta 是常出現在我們家餐桌上的主食，直麵 (Spaghetti)、筆管麵 (Penne)、天使細麵 (Angel Hair)、通心粉 (Macaroni)、螺旋麵 (Rotini)……不同麵條隨意搭配自己喜歡的食材、醬汁，或翻炒或拌勻都能展演變換出不同風味。明太子、海膽、鮭魚卵是我們很喜歡的和風元素，把麵條跟醬料拌勻就能呈現日式好滋味，這裡使用天使細麵是為能迅速吸飽醬汁充分入味。

材料｜

義大利麵 3 人份

明太子 1 個
約 100 克

鮮奶油 200ml

醬油 1 大匙

加拿大海膽 6 片

鮭魚卵適量

海苔絲適量

黑胡椒適量

做法｜

1. 明太子用刀切開薄膜以刀背取出魚卵，連同鮮奶油、醬油放進容器中拌勻備用。
2. 義大利麵依包裝上的時間煮熟。
3. 把義大利麵放進做法 1. 的容器中充分拌勻，試試味道，可以適量以黑胡椒調味。
4. 呈盤後放上海膽、鮭魚卵並撒上海苔絲。
5. 拌勻後立即享用。

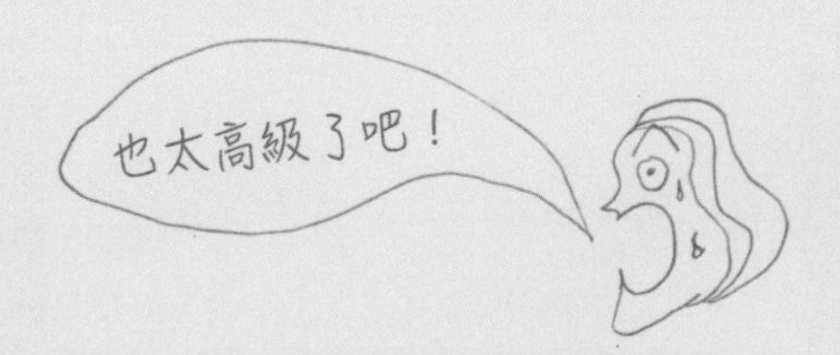

番茄海鮮義大利麵

芭娜娜很愛吃番茄海鮮義大利麵，這是我外食的首選菜色，因為常苦惱於餐廳海鮮料太少吃不過癮，所以乾脆練習自己動手做，自己做海鮮料隨意放絕不手軟，食譜裡的食材與調味料是我多年經驗累積的配比，照著做肯定不會讓你失望，飽足又美味。

材料｜

義大利麵 4 人份

鮮蝦半斤

蛤蜊 1 斤

透抽 1 條

漢斯番茄 sauce 1 罐

小番茄 12 顆

蒜頭切片 3 瓣

洋蔥切末半顆

橄欖油 3 大匙

白酒約 100ml

月桂葉 2 片

義大利香菜適量

鹽適量

砂糖適量

黑胡椒適量

鮮蝦、透抽醃料｜

白胡椒適量

鹽適量

白酒適量

做法｜

1. 鮮蝦去腸泥，透抽清除內臟洗淨後切成圈狀，以醃料調味，小番茄對半切，義大利香菜去梗把葉切碎。
2. 煮滾 1 大鍋水並加入適量的鹽，入義大利麵煮至比包裝上標示的時間少 2 分鐘後撈起備用。
3. 平底鍋入 1 大匙橄欖油加熱，把鮮蝦、透抽分別炒約 6 分熟後取出備用。
4. 原鍋續入 2 大匙橄欖油，先把蒜片煎香，續入洋蔥碎炒至呈微微透明狀，然後把小番茄也加入拌炒。
5. 嗆入白酒、倒進整罐番茄sauce，把月桂葉、1/2 的香菜末也一起放進去，煮滾後入蛤蜊燉煮，殼開了就夾起來，熬煮醬汁的步驟前後約 10 分鐘。
6. 把義大利麵、鮮蝦、透抽一起倒進來，用鹽及黑胡椒調味，也可加入適量砂糖調整酸度，最後把蛤蜊也倒進來並用適量煮麵水調整濕度，此步驟約需 2 分鐘。
7. 試試味道做最後調整，然後熄火撒上剩下的香菜葉。

LE CREUSET

義式鮭魚冷麵

天氣熱胃口總是比較不好，我嘗試性地把鮭魚做成義式冷麵，男孩們非常喜歡，尤其小哥更從此愛上羅勒的香氣，只要逛超市看到新鮮羅勒，他會迅雷不及掩耳丟一盒到推車裡，然後指定我做這道菜，非常涮嘴好吃啊，冰鎮到隔天滋味一點也不減，當作夏日輕食便當或野餐盒都好好味兒。

材料 |

天使髮麵 300 克
新鮮鮭魚 1 片
洋蔥 1/4 顆
甜羅勒 1 把
小番茄約 200 克
初榨橄欖油 120ml
鹽 1 小匙
黑胡椒適量
檸檬汁適量
蒜頭 3 瓣

做法 |

1. 天使髮麵依包裝上的時間煮熟，沖冷水後擰乾大部分的水分備用。
2. 乾鍋煎熟鮭魚（用烤箱也可），去掉魚骨剝成一口大小。
3. 洋蔥切細末泡冰水，羅勒去莖取葉洗淨切碎，小番茄對切，蒜頭去皮切碎或壓成泥。
4. 洋蔥瀝乾，把所有材料放進調理盆中拌勻，試試味道調整一下就 OK 了。
5. 移入冰箱冰鎮半小時風味會更棒喔 ~

台式香腸湯麵

我必須坦承婚前的自己完全不懂料理，其實是連燒開水都不會哪～婚後從頭也從最簡單學起，這是老公傳授給我的第一個私房食譜，當時對這樣的組合頗不以為然，但完成後卻訝異於它的好味道，濃濃台灣味，香腸香、湯頭爽口甜美，至今仍居我們家的口袋常備菜單冠軍。

材料｜

中式香腸 6 條
(這裡用的是滿漢香腸)

青蔥 2 支切段

紅蘿蔔 1/3 條切絲

任何你喜歡的中式麵條
4 人份

辣椒 1 支(可省略)

香菜少許(可省略)

鹽適量

白胡椒適量

熱炒油 1 大匙

做法｜

1. 炒鍋放入一大匙的油，冷鍋冷油開始用小火慢煎香腸至外皮酥香即可將香腸取出，不需煎至熟透。
2. 趁慢火煎香腸之際把紅蘿蔔切絲、青蔥切段。
3. 香腸取出後，續以鍋內餘油爆炒蔥段及紅蘿蔔絲，辣椒也可在此時加入拌炒。
4. 倒入適量水煮滾後入麵條續煮，並趁此空檔將香腸切成片。
5. 麵條煮熟前 2 分鐘將香腸放入鍋內，續煮至麵條及香腸熟透。
6. 起鍋前加入適量的鹽及白胡椒調味，盛碗後撒上少許香菜葉飾頂增香。

STAUB

香蒜培根馬鈴薯泥

男孩們很愛馬鈴薯，既好吃又有飽足感，所以也是我做西式料理不可或缺的主角，蒜香跟培根的加乘作用讓滋味更豐富，搭配燉煮類料理非常之合拍。

材料｜

馬鈴薯 5 顆

培根片 4 片

鮮奶 80ml

奶油 40 克

香蒜粉 1 小匙

鹽適量

黑胡椒適量

做法｜

1. 烤箱預熱 180 度，把培根片放進烤箱烘烤把油逼出，並烤至微焦或自己喜歡的口感，然後切成適口大小，並預留一小部分做裝飾。
2. 馬鈴薯去皮切大塊，把馬鈴薯塊放入一鍋熱滾水中煮至熟軟。
3. 起鍋後把水分瀝乾，用叉子把熟透的馬鈴薯壓成泥狀。
4. 慢慢加入鮮奶拌勻。
5. 加入奶油、香蒜粉、鹽跟黑胡椒攪拌至柔滑。
6. 把大部分的培根片拌入，盛盤後撒上預留的小部分培根片即完成。

港式臘腸飯

聰明有效率的煮婦用鑄鐵鍋烹煮一鍋臘腸飯，
好吃到令人流淚，銷魂哪～

材料｜

米 3 杯
臘腸 6 條
青江菜 1 把
水 3 杯
醬油 2.5 大匙

做法｜

1. 臘腸斜切成適口大小。
2. 青江菜去蒂洗淨。
3. 米泡水 10 分鐘後，以瀝水籃瀝乾 10 分鐘。
4. 瀝乾的米放進鑄鐵鍋中並注入 3 杯水後，以中火煮至水滾，蓋上鍋蓋改以最小火煮約 10 分鐘。
5. 熄火掀開鍋蓋，把臘腸鋪在飯上面，開最小火繼續煮約 6~7 分鐘。
6. 再次熄火掀開鍋蓋把青江菜置入，蓋上鍋蓋繼續燜約 10 分鐘。
7. 淋上醬油把飯拌鬆拌勻就可大快朵頤了。

TIPS

各家臘腸鹹度不一，醬油也因不同品牌而鹹度各異，建議依個人口味慢慢酌加，不要一股腦兒全下喔。

CREUSET

上海菜飯

上海菜飯的傳統做法是把菜和米一起煮，但如此一來青菜燜久變黃就顯得賣相不佳，視覺系煮婦權變之下把青江菜分兩次入鍋，成品不僅每粒米都油油亮亮散發誘人清香，紅紅綠綠的賣相也十分討喜呢。

材料｜

香腸 3 條
青江菜 5 朵
米 2 杯
雞高湯 2.2 杯
沙拉油 2 大匙
蒜頭 1 顆
鹽 1 小匙
白胡椒適量

做法｜

1. 米泡水 10 分鐘後瀝乾，香腸切小丁，青江菜洗淨後把梗跟葉分開，梗切小丁、葉切碎、蒜頭輕拍備用。
2. 鑄鐵鍋入沙拉油加熱後放進香腸丁煎香，然後把蒜頭也放進來炒香。
3. 續入切丁的青江菜梗拌炒。
4. 把米倒進來拌炒至每顆米都沾上油。
5. 把一半的青江菜葉放進來略炒。
6. 倒進雞高湯後煮滾並以鹽調味，蓋上鍋蓋轉最小火煮13 分鐘，熄火後繼續燜 5 分鐘。
7. 打開鍋蓋放進剩餘的青江菜葉，然後再次蓋上鍋蓋續燜 5 分鐘。
8. 打開鍋蓋撒上適量白胡椒拌勻就可上桌囉。

TIPS

1. 如使用電子鍋，可在做法 6. 加入雞高湯、調味後移入內鍋，放進電子鍋按下開關依正常煮飯程序即可，其餘步驟皆同。
2. 這個配方煮出來的米飯是較濕潤的口感，如喜歡乾爽口感可把米跟高湯比例調整為 1:1。

Banana Cooking Classes

| 第一次就上手之咖哩飯 |

S 小孩不敢吃辣，可是只用甜味咖哩又覺得香氣不足怎麼辦？

B 可以用適量黑胡椒抓醃一下雞肉增加整體風味。

S 我自己吃的時候會撒一點卡宴辣椒粉，超好吃～

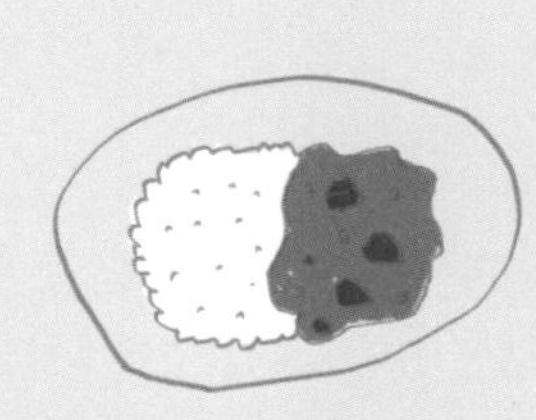

S 有時候煮出來的咖哩不夠濃稠，可以怎麼補救呢？

B 哈哈～再加一點咖哩塊就 OK 了。

S 雞肉咖哩跟牛肉咖哩烹煮方式有什麼不同嗎？

B 牛肉塊要燉煮約 1 小時，然後與其他食材續煮 30~40 分鐘，肉質才會軟嫩。

咖哩飯

材料｜

去骨仿土雞腿 2 支

洋蔥 1~2 顆
(看大小)

紅蘿蔔 1 條

馬鈴薯 2 顆

佛蒙特甜味
咖哩 1 盒

水適量

黑胡椒適量

熱炒油適量

做法｜

1. 雞腿洗淨擦乾後切成適口大小，放進容器以適量黑胡椒略醃。
2. 洋蔥切塊，紅蘿蔔、馬鈴薯切滾刀塊，記得馬鈴薯切大塊些以免燉煮過程化在湯裡。
3. 燉鍋入適量油加熱後把雞肉放進來煎，先別急著翻面，等肉色變白再翻面，邊煎邊翻炒至肉上色後取出。
4. 原鍋續入洋蔥翻炒至香氣釋出變軟，接著把紅蘿蔔加進來拌炒，然後把馬鈴薯也加進來翻炒至所有食材都均勻裹上油脂。
5. 把雞肉倒回鍋中拌勻，加入適量的水至蓋住食材，以中火煮至水滾後轉中小火燉煮 30 分鐘，途中須不時撈除浮沫。
6. 檢查一下酌加適量水約至淹過食材，接著把咖哩掰成小塊放進鍋裡，大約需要 0.8 盒的量，轉小火並輕輕攪拌至咖哩溶化。
7. 繼續燉煮 10 分鐘，不時攪拌以免燒焦。
8. 試試味道，太鹹就加點水，不夠就再加咖哩塊調整。
9. 熄火，靜置 10 分鐘就可以上桌了。

TIPS

1. 雞肉可以其他自己喜歡的肉類替代，市售咖哩塊有甜味與辣味之分，可以選擇自己喜歡的風味～
2. 搭配卡宴辣椒粉享用更完美。

鮭魚炊飯

炊飯是日本料理店常見的菜色，主要就是食材與米用土鍋、鑄鐵鍋或電子鍋等炊飯器來烹煮。
肥美的鮭魚先用平底鍋煎至兩面上色才入鍋炊煮，因而增加了獨特誘人的鑊香，是一道簡單、飽足而且會吃上癮的料理。

材料｜

肥美鮭魚 1 片
米 2 杯
水 1.8 杯

調味料｜

醬油 2 大匙
米酒 2 大匙
鹽適量

做法｜

1. 將米快速淘洗後，浸泡 10 分鐘並放進瀝水籃瀝乾 10 分鐘備用。
2. 鮭魚用適量的鹽薄醃，平底鍋加熱後不需放油，入鮭魚片煎至兩面焦香，然後把魚皮及魚骨剔除備用。
3. 把米跟水倒入電子鍋內鍋，加入所有調味料拌勻，接著把鮭魚平鋪在最上面，按下電子鍋的開關開始炊飯。
4. 開關跳起後用飯匙把鮭魚跟飯翻鬆拌勻，蓋上鍋蓋繼續燜 10~15 分鐘就完成了。

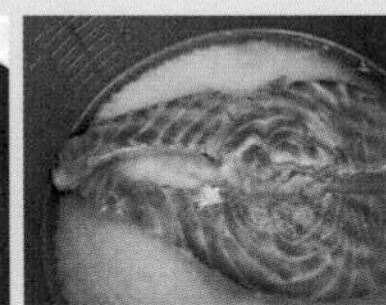
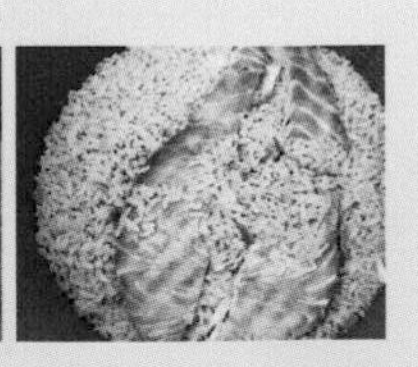

TIPS

1. 新鮮肥美的鮭魚在煎的過程中會釋放出許多油脂，所以不用加任何油就可以煎上色。
2. 撒上海苔粉、海苔細絲，或是切絲的紫蘇，豪華一點可以綴上少許鮭魚卵，增添美感與風味。
3. 也可加進少許現磨山葵，沖入熱茶拌勻變化成茶泡飯。

白醬海鮮焗飯

「全世界最好吃的海鮮焗飯」是媽媽對這道主食的極致讚美，也是我一定要把它寫進書裡的理由，雖然我深知她有點言過其實，但可能也相去不遠，哈哈 ~ 我用現成濃湯罐替代炒奶油炒麵的自製白醬，輕鬆完成令人難以抗拒的餐廳級焗飯，雖說是偷吃步的概念但又何妨呢？好吃就好了嘛 (笑)~

材料｜

金寶蛤蜊濃湯
2 罐 x 295g

鮮奶 500ml

米 1.5 杯

鮮蝦半斤

洋香菜葉適量

透抽 1 條

蛤蜊 1 斤

洋蔥 1/2 顆

蘑菇 1 盒

橄欖油 2 大匙

pizza 專用
cheese 絲 1 包

鹽適量

黑胡椒適量

鮮蝦 & 透抽醃料｜

白酒適量

鹽適量

白胡椒適量

做法｜

1. 把米以 1:1 的比例加水煮成白飯。
2. 製作白醬：把濃湯罐和鮮奶倒入鍋裡煮沸，轉小火續煮至濃稠狀備用。
3. 鮮蝦去頭去殼清除腸泥，透抽清除內臟後切成適口大小，以醃料略醃。
4. 洋蔥切細末，蘑菇對半切。
5. 以一鍋滾水煮蛤蜊至殼開即夾起，並取出蛤蜊肉備用。烤箱預熱 200 度。
6. 平底鍋入橄欖油加熱，放進洋蔥炒至香氣釋出，續入蘑菇拌炒。
7. 接著加入鮮蝦跟透抽拌炒至蝦肉翻紅。
8. 倒入白飯拌炒，然後把 2/3 的白醬倒入拌勻，並拌入蛤蜊肉，試試味道，以鹽跟黑胡椒調整味道後熄火。
9. 倒入烤盤後把剩餘的白醬鋪上，然後滿滿鋪上 cheese 絲。
10. 把烤盤放進烤箱烤約 10~12 分鐘，或烤至表面呈現你喜歡的顏色。
11. 撒上切碎的洋香菜葉就可迷人上桌囉。

TIPS

1. 製作白醬時要記得不時攪拌以免鍋底燒焦。
2. 海鮮可以挑選自己喜歡的，不嗜海鮮的人也可以改成雞肉成為白醬雞肉焗飯。

紅醬 cheese 嫩雞燉飯

不常煮燉飯的原因是要不停攪拌，站在爐台前的三十分鐘有時候會讓我覺得手痠腳麻，但當我把第一口燉飯送進嘴裡時又會忍不住直呼這時間花得太值得了。我幾乎都用台灣米來做燉飯，因為家人喜歡更黏稠一點的口感，義大利米對他們來說有點太硬了，所以你大可選擇自己喜歡的米來做，料理不是教科書不需要硬邦邦的，不停攪拌讓澱粉質釋放出來是重點，千萬別煮過頭否則就成為鹹稀飯了。

材料｜

去骨仿土雞腿 1 支
洋蔥 1/2 顆
米 2 杯
白酒 100ml
漢斯番茄 sauce 1 罐
小番茄 12 顆
月桂葉 2 片
橄欖油 3 大匙
鹽適量
黑胡椒適量
雞高湯（或水）1000ml
奶油 30 克
帕瑪森 cheese 適量
義大利香菜適量

做法｜

1. 雞腿切成一口大小，洋蔥切丁，小番茄對半切備用。
2. 平底鍋或燉鍋以 1 大匙橄欖油潤鍋後入雞腿丁煎至顏色轉白後撈起。
3. 原鍋續入 2 大匙橄欖油加熱後入洋蔥丁，炒至香氣釋出顏色微微透明。
4. 把米（不要洗）也倒進來拌炒至每粒米都裹上橄欖油，熗入白酒繼續拌炒至酒精揮發。
5. 倒入番茄sauce、小番茄、月桂葉繼續拌炒。
6. 水分快收乾時即加入約剛好蓋住米的高湯繼續拌炒，此動作重複幾次至米煮成你喜歡的熟度（大約要 20~30 分鐘）。
7. 最後把奶油加入拌勻，試試味道，用鹽跟黑胡椒調整味道。
8. 起鍋盛盤，撒上現磨帕瑪森 cheese、切碎的義大利香菜。

培根鮮蝦燉飯

好吃的燉飯要具備口感濕潤、米心Q彈的條件，起鍋前加入一小塊奶油拌炒，讓層次更加豐富而迷人，多練習幾次就能抓到訣竅，掌握自己喜歡的熟度。

材料｜

鮮蝦 30 隻
洋蔥 1/2 顆
市售培根片 3 片
米 2 杯
白酒 100ml
橄欖油 2 大匙
鹽適量
黑胡椒適量
義大利香菜適量
雞高湯 1000ml
動物性奶油 1 小塊

蝦仁醃料｜

白酒適量
鹽及白胡椒適量

做法｜

1. 鮮蝦去頭剝殼去腸泥，以醃料略醃。培根切小片，洋蔥切細末備用。
2. 鑄鐵鍋(或平底鍋)加熱後，入一大匙橄欖油把蝦仁煎至約六分熟取出。
3. 原鍋入培根煎至焦香(此時可適度再加入橄欖油)，把 2 杯米倒入拌炒到每顆米都沾裹到橄欖油。
4. 把白酒倒入拌炒到酒精揮發僅留香氣。
5. 接著倒進雞高湯至約蓋住食材，輕輕拌炒至湯汁幾乎收乾，重複此動作直到米達到你喜歡的熟度(約 20~30 分鐘)。
6. 把蝦仁倒進鍋裡拌炒至九分熟，放進奶油並以鹽及黑胡椒調味，熄火，撒上切碎的義大利香菜，趁熱食用。

料理產生的愛，幻化成魔法～

晚餐是我一天中最喜歡甚至最期待的時刻，一家人圍坐餐桌邊吃邊聊，我愛聽男孩們天真甚至有點幼稚的話語，我們也常因有點無聊的話題而笑得東倒西歪。

我愛看男孩們吃得津津有味並發出嘖嘖讚嘆的聲音，因料理產生的愛幻化成魔法，讓我們一家人更凝聚也更深愛著彼此。

剛開始進廚房做菜，我常把魚煎得支離破碎、青菜炒過頭而發黃、麵煮糊了……慘不忍睹啊（當然現在進步很多了），獅子座求好心切的本性總是讓我懊惱不已不停咕噥碎唸，嫌棄而自責，記得我家小哥總是溫暖堅定地說：「麻～料理好吃就好了，不好看沒關係啊！」然後跟小弟把所有的菜吃光光。

有一次小弟放學回家後跟我說：「麻～我不喜歡喝學校的水，因為都不像我們家的水那麼甜。」

這時我才赫然醒悟，原來我這一天天一頓頓的煮食而樂此不疲，是因著嘴甜男孩們施展出來的魔法哪～

為家人好好做頓飯是最直接表達愛的方式，我做的菜大部分很簡單，有時候也許會多花點時間去料理，端看自己當下的時間與工夫，另一半習慣開上一瓶好酒，這是我們一天中最放鬆的時刻，孩子說著他們自認有趣的話題，歡樂時光就這麼日日停留在這張餐桌上，安定撫慰我們的身、心、脾、胃～

肉類 MEAT

蘋果迷迭香烤豬肋排

最近家裡烤箱使用機率非常高，因為芭娜娜不想在大熱天裡踞在爐火邊動鍋動鏟搞得自己大汗淋漓，而且也破壞了晚餐的興致，想要優雅做菜，真少不了烤箱這個好幫手呢！

某些食材是天生絕配，就像蘋果之於豬排，永遠的天作之合等著我們來成全(笑~)。

材料｜

豬肋排 4 支
(請肉販從中剁成兩段)

蘋果 1~2 顆
(去皮去核切塊)

迷迭香 2 支

蒜頭 2 瓣
(去皮切碎)

白酒 100CC

橄欖油 2 大匙

海鹽 1 小匙

黑胡椒適量

做法｜

1. 烤箱預熱 200 度。
2. 豬肋排洗淨擦乾後，抹上蒜碎並以黑胡椒及海鹽調味。
3. 烤盤底層排放蘋果，第二層放迷迭香，然後把豬肋排放最上層。
4. 淋上橄欖油及一半的白酒後，放入烤箱烤約 20 分鐘。
5. 把烤盤取出，豬肋排翻面並淋上另一半的白酒後，續入烤箱烤約 20~30 分鐘，或烤至肋排全熟即成。

香酥帕瑪森 *cheese* 豬排

豬排外酥脆並有淡淡 cheese 香氣，內軟嫩好 juicy，是一道搭配西式或中式餐點皆合拍的菜色，貼心提醒別因為太涮嘴一口一口停不下來，大家的體重還是要照顧的 (笑 ~)。

材料｜

豬里肌肉排 6 片
黑胡椒適量
鹽適量
橄欖油約 6 大匙
中筋麵粉 1/2 杯
蛋 2-3 顆
日式麵包粉 1 杯
磨碎的帕馬森 cheese1 杯

做法｜

1. 豬排以適量鹽跟黑胡椒調味備用。
2. 準備三個淺盤，一個裝中筋麵粉，第二個裝打勻的蛋，第三個裝混合的日式麵包粉跟帕瑪森 cheese。
3. 豬排先裹上麵粉並拍掉多餘的，接著沾裹蛋液，最後再裹上麵包粉，按壓一下讓麵包粉包裹緊密。
4. 平底鍋倒進 3 大匙橄欖油熱鍋，然後放進 3 片肉排，每面煎約 2~3 分鐘至表面金黃酥脆，以筷子可輕易穿刺並不留粉紅色血水即可起鍋，置於網架上攤涼。
5. 把平底鍋擦乾淨續入剩下的 3 大匙橄欖油，以同樣的做法煎完剩下的 3 片里肌肉排。
6. 略微攤涼後便可盛盤上桌囉 ~

番茄炒肉末

番茄炒肉末與太陽瓜仔肉並列我家孩子們心中最愛的菜色，時不時拌炒一鍋，無論拌飯、拌麵、做三明治，或是直接包生菜都非常好吃，當作冰箱常備菜再美妙不過了。

材料｜

豬絞肉 12 兩
聖女小番茄 25 顆
紅蔥頭 3 顆
沙拉油適量
蔥絲或香菜適量

調味料｜

甜麵醬 1 大匙
蠔油 3 大匙
米酒 1 大匙
白胡椒適量
糖適量

做法｜

1. 紅蔥頭切末，番茄切丁備用。
2. 平底鍋不加油熱鍋，倒入豬絞肉中小火慢炒至絞肉不再出水。
3. 把絞肉撥至一邊，鍋內加入適量沙拉油炒香紅蔥頭末，然後拌炒混合兩者。
4. 把番茄也加入拌炒至番茄變軟。
5. 續入砂糖以外的調味料，煮至湯汁收乾，中途要略微翻炒以免燒焦。
6. 試試味道，以砂糖做最後調整，盛盤後以蔥絲或香菜裝飾即可。

TIPS

1. 小番茄也可以 2 顆熟透的牛番茄取代。
2. 嗜辣可酌加豆瓣醬，但蠔油就要減量以免過鹹，也可適度加入辣椒。
3. 一次多做些，分裝後放進冷凍庫保存，解凍加熱後拌飯、拌麵都好美味，堪稱最佳常備菜。

台灣蜜柑香烤馬鈴薯豬梅花

台灣冬季的柑橘不管是何品種盡皆甜蜜蜜馨香魅人，因此家中水果籃時時可見它豔麗的蹤影，晚餐時分正思索如何料理梅花豬肉時，另一半提議用它來入菜，宜情宜景又適材的建議煮婦欣然採納，一試之下果然超合拍，柑橘與梅花豬肉交糅融合出不油不膩的好滋味，也成為我們家冬季限定料理。

材料｜

梅花豬肉 1 塊
約 900 克

馬鈴薯 2~3 顆

喜歡的柑橘
(中型)2 顆

迷迭香 2 支

蒜頭 4 瓣
不需去皮

橄欖油 1~2 大匙

鹽適量

黑胡椒適量

料理用棉繩 1 段

醃料｜

橄欖油 1 大匙

君度橙酒 2 大匙

鹽 1 大匙

迷迭香 1 支切末

黑胡椒適量

做法｜

1. 梅花豬肉洗淨拭乾用叉子在肉上戳洞，把 1 顆橘子磨下皮屑、榨汁後連同醃料倒入容器中混和均勻，把肉放進容器中按摩一下，放進冰箱冷藏至少 8 小時，最好是 24 小時，中途記得翻個面再按摩一下以利入味。
2. 烤箱預熱 200 度。
3. 從冰箱取出梅花豬肉回溫半小時，然後用棉繩捆綁好。
4. 取一烤盤薄薄刷上一層橄欖油 (分量外)，馬鈴薯去皮切大塊後放進烤盤，淋上橄欖油、鹽及黑胡椒以及餘下的醃料拌勻。
5. 把肉放進烤盤中間，把另 1 顆橘子切片後隨意穿插在四周。
6. 把蒜頭跟迷迭香也穿插其中。
7. 烤盤放進烤箱中烤約 30 分鐘，中途可用分量外的橄欖油塗抹在肉上。
8. 把豬肉翻面、烤盤裡的材料再拌勻一次，續烤 30 分鐘。
9. 最後一次翻面再烤約 10~20 分鐘，當豬肉呈現漂亮的焦糖色，以竹籤戳進肉最厚處流出的是清澈的湯汁，便可將烤盤從烤箱中取出。
10. 靜置 10 分鐘讓肉汁回流後，把綁繩鬆開片成薄片，淋上烤盤裡的湯汁，搭配馬鈴薯趁熱享用。

TIPS

1. 梅花豬肉選擇前段肉質較軟嫩。
2. 做法 1. 可放進密封袋中醃漬更利入味。

日式薑燒豬肉

小妹 Vivien 希望我提供肉類料理的食譜，因為孩子的便當快變不出花樣了，這道從備料到完成大約只要十五分鐘的日式薑燒豬肉，鹹鹹甜甜好下飯，蒸過後更加入味，相信是每個孩子都會喜歡的。

材料｜

火鍋肉片約 600 克

洋蔥 1 顆
切絲備用

高麗菜少許
切絲泡水備用

熱炒油 1~2 大匙

調味料｜

嫩薑 1 小段
磨泥備用

醬油 6 大匙

味醂 4 大匙

米酒 2 大匙

做法｜

1. 起油鍋，入洋蔥絲拌炒至香氣釋出，呈微微透明狀。
2. 加入所有調味料煮滾後轉中小火續煮約 1 分鐘。
3. 放進火鍋肉片，以筷子撥炒至肉片熟透。
4. 待醬汁稍微轉濃稠就可熄火，盛盤並搭配瀝乾水分的高麗菜絲趁熱食用。

太陽瓜仔肉

男孩們上幼稚園前在公婆家被餵養著，瓜仔肉是伯母們的拿手菜，也是後來我們家自己開伙後讓他們心心念著的，我的配方多了蛋白增加滑潤口感，蛋黃置於其上像太陽多了視覺美感，鹹香又下飯，超低難度的做法就算新手也能一試成主顧，記得白飯要多煮一點才夠吃喔 (笑)~

材料 |

豬五花絞肉 600 克

愛之味脆瓜 1.5 罐 (含醬汁)

水約 240ml

醬油約 3 大匙

蛋 1 顆 (蛋白跟蛋黃分開)

做法 |

1. 脆瓜切碎後與豬絞肉放入容器中，把脆瓜的醬汁、水、醬油加進來攪拌均勻，續入蛋白拌勻。
2. 把拌勻的絞肉放進耐熱容器中，抹平後用湯匙在絞肉中間略壓出凹槽，把蛋黃放進凹槽裡。
3. 電鍋外鍋加 2 杯水，放進去蒸熟就完成了。

Banana Cooking Classes

| 難易度也才一顆星★之豆乾炒肉絲 |

S 豆乾炒肉絲是我的拿手菜，我女兒超愛吃，但為什麼有時候會覺得豆乾不夠入味？

B 有可能是豆乾切太大塊，把豆乾切成跟肉絲差不多大小，快速拌炒就很容易入味。

S 一般豆乾炒肉絲都是用原味豆乾，為什麼不用五香豆乾呢？

B 原味豆乾較能炒出軟嫩的口感，如果喜歡較香、硬的口感，也可以選擇五香豆乾喔。

YUMMY!

S 有時候肉絲會炒得太硬，該如何炒出鮮嫩的口感？

B 肉絲加入 1 小匙太白粉抓醃，就能炒出軟嫩口感。

豆乾炒肉絲

材料｜

豆乾 8 片

小里肌肉絲
約 400 克

蒜頭 2 瓣

青蔥 2 支

辣椒酌量

醬油膏 3 大匙

醬油 1/2 大匙

熱炒油適量

肉絲醃料｜

醬油適量

米酒適量

太白粉 1 小匙

做法｜

1. 肉絲以醃料抓勻醃約 10 分鐘。
2. 豆乾切絲（約與肉絲同寬），蒜頭切片，青蔥切段並把蔥白跟蔥綠分開，辣椒斜切片。
3. 起油鍋（油量可以比炒菜時多一點），溫油入肉絲泡至肉色稍微轉白。
4. 把肉絲撥到一邊後續入豆乾絲拌炒熟化。
5. 加入蒜片、蔥白及辣椒翻炒增香。
6. 倒入醬油膏跟醬油快速翻炒均勻，最後放入蔥綠拌勻即可起鍋。

泰式葡萄柚拌松阪豬

葡萄柚產季時我經常做這道菜，豬頸肉煎香香讓多餘油脂釋放出來，泰式醬汁灑脫媒合酸、鹹、香、辣滋味，色彩也繽紛的誘人食慾，所以一定要推薦給愛吃泰式料理的朋友們。

材料｜

松阪豬肉約 500 克
葡萄柚 1 顆
蒜頭 5 瓣
大紅辣椒 1 支
香菜取葉 1 束
魚露 2 大匙
檸檬 0.5~1 顆
椰糖 1 大匙

做法｜

1. 葡萄柚去皮取果瓣，把蒜頭、辣椒切末與魚露、檸檬、椰糖拌勻備用。
2. 松阪豬洗淨後擦乾，平底鍋加熱後入松阪豬煎至兩面上色熟透。
3. 稍微放涼後切片，並與做法 1. 混合。
4. 試試味道並做最後調整，確定酸、鹹、香、辣都到位，盛盤後撒上香菜葉即可上菜。

馬鈴薯燉肉

馬鈴薯燉肉是日式居酒屋裡常見的菜色，它總能讓吃過的客人暖暖地露出滿足微笑，芭娜娜特別喜歡它的理由是在咕嘟咕嘟燉煮聲中，可以在短時間內完成其他菜餚，快速而優雅地讓飢腸轆轆的家人飽餐一頓。
傳統日式做法用的是豬或牛肉片，我家男孩們愛大口吃肉，所以我把梅花豬肉切成一口大小來燉煮，Q 嫩略有咬勁的口感很受歡迎，也是點菜率極高的媽媽味兒。

材料｜

豬梅花肉約 600 克
切成 1 口大小

馬鈴薯 2 顆
去皮切滾刀塊

紅蘿蔔 1 條
去皮切滾刀塊

洋蔥 1 顆切粗絲

甜豆 1 小把

水適量

熱炒油 2 大匙

調味料｜

醬油 6 大匙

味醂 3 大匙

清酒或米酒 3 大匙

糖 1 大匙

做法｜

1. 1 大匙熱炒油熱鍋，先放進豬肉半煎半炒至上色後取出備用。
2. 原鍋續入 1 大匙油加熱，然後放進洋蔥絲續炒。
3. 加入馬鈴薯跟紅蘿蔔略微拌炒，然後把豬肉拌勻並加入適量的水（約至材料的八分滿即可）。
4. 轉大火煮至沸騰並撈除浮沫。
5. 把所有調味料加進去，轉中小火慢燉約 30 分鐘。
6. 試吃一下並依照個人喜好調整味道，續煮 10 分鐘或至食材都煮熟並且入味。
7. 最後加入甜豆燙熟就完成了。

回鍋肉

我家小哥跟小弟都愛吃肉(男孩都這樣嗎?),而且偏好有油脂的五花肉,這道有濃郁醬色並帶點川味的回鍋肉鹹香味厚,總能讓他們多吃一碗白飯。
以前男孩們不敢吃辣我會用不辣的豆瓣醬來取代,餐桌菜色隨孩子們的成長而更迭變化,現在終於能光明正大用上辣豆瓣醬,整體風味因此更地道過癮,同時也滿足了芭娜娜嗜辣的脾胃。

材料|

五花肉 1 塊
約 600 克

高麗菜葉 4~5 片
切小塊

青椒 1/2 顆
切小塊

蒜頭 2 瓣切片

辣椒 1 支切片

青蔥 2 支切段
並把蔥白跟蔥綠分開

熱炒油適量

調味料|

醬油 1.5 大匙

米酒 1.5 大匙

甜麵醬 1.5 匙

糖 1 大匙

豆瓣醬 1 大匙

做法|

1. 五花肉汆燙至約七分熟取出切成約 1 口大小的薄片。
2. 起油鍋放入一大匙油,把五花肉煎至熟透並微焦上色同時逼出油脂,然後取出備用。
3. 鍋中如油脂太多可取出一部分,入蒜頭、辣椒及蔥白爆香後,續入調味料中的豆瓣醬炒香。
4. 把五花肉放進鍋中拌勻,接著加入其他調味料翻炒拌勻。
5. 放進高麗菜及青椒翻炒至熟透,最後撒上蔥綠拌勻即完成。

青蒜苗味噌豬五花

煎香的五花肉裹上鹹甜味噌醬汁，蒜苗蒜頭雙蒜爭香，肉味十足卻不油不膩，又是一道令人上癮的白飯殺手。

材料｜

豬五花 600 克

蒜苗 2~3 根

蒜頭 3 瓣

熱炒油適量

醬汁｜

赤味噌 2 大匙

黑龍白蔭油 1 大匙

味醂 2 大匙

米酒 1 大匙

糖 1/2 小匙

做法｜

1. 五花肉切成喜歡的大小，我家男孩指定厚切(笑)，蒜頭去皮拍碎，蒜苗斜切片並且把蒜白跟蒜綠分開，把醬汁所有的材料倒入容器內調勻。
2. 平底鍋入少許油加熱，放進切片的五花肉最好不要重疊，先別急著翻面，待煎上色後才翻面續煎上色(此時肉尚未全熟)。
3. 把五花肉稍微撥到鍋子一邊，入蒜頭煎至香氣釋出，此時如果油不夠可再酌加。
4. 續入蒜白炒香然後把肉撥過來翻拌炒勻。
5. 把醬汁一口氣倒入拌炒均勻，待肉熟收汁後把蒜綠投入拌炒開即熄火。
6. 盛盤後立刻上桌，趁熱食用。

焦糖蘋果月桂葉煎烤嫩豬排

蘋果之於豬排是無庸置疑的天生絕配，這是我把甜點概念帶進菜餚中的「食」驗作品，豬排鹹香佐搭甜香的焦糖蘋果，滋味清雋淡雅風味獨特，成果很是令煮婦自己滿意微笑。

材料｜

帶骨豬里肌排 4 片

蘋果 1~2 顆

大蒜 3 瓣

乾燥月桂葉 2 片

橄欖油 2~3 大匙

糖適量

黑胡椒適量

鹽適量

做法｜

1. 烤箱預熱 200 度。
2. 蘋果去皮切片後沾裹上一層砂糖，蒜頭切厚片，豬排擦乾水分後以鹽跟黑胡椒調味後備用。
3. 可以直接進烤箱的平底鍋以 1~2 大匙橄欖油潤鍋加熱，放進蒜頭、月桂葉跟豬排，把豬排兩面煎上色後連同蒜頭、月桂葉取出備用。
4. 原鍋轉小火續入蘋果片兩面微煎至砂糖溶化上色就可熄火。
5. 把豬排排在蘋果上，撒上做法 3. 的蒜頭跟月桂葉，淋上 1 大匙橄欖油後放進烤箱烤約 8 分鐘即完成。

Banana Cooking Classes

| 沒有教不會的學生之玉米炒絞肉 |

S 玉米炒絞肉我都用玉米罐頭，如果用新鮮玉米粒口感會比較好嗎？

B 其實兩者都 ok 喔，不過新鮮玉米粒會比較脆口多汁，但要稍微煮久一點才會熟化入味，所以可以依個人口味來決定用罐頭玉米還是新鮮玉米粒。

S 那我本人漂亮嗎？

B 那還需要問嗎？（妳要不要稍微掩蓋一點妳嘴角的笑意）

玉米炒絞肉

材料｜

絞肉約 150 克

玉米罐頭 1 罐

青蔥 1~2 支

水適量

鹽適量

絞肉醃料｜

醬油少許

米酒少許

白胡椒少許

做法｜

1. 絞肉以醃料抓醃靜置約 10 分鐘，青蔥切末並把蔥白跟蔥綠分開。
2. 起油鍋把絞肉炒至顏色轉白，續入蔥白炒香。
3. 把玉米粒倒入炒勻並加入適量水燒一下。
4. 用鹽調味最後撒上蔥綠拌勻就可起鍋盛盤。

老公這麼愛我
不是沒有道理的啊!!!

橘子風味煎烤豬肋排

我經常用水果入菜，也愛做烤箱料理，這裡的豬肋排因為先煎過再入烤箱烘烤，因此香氣明顯提升許多，橘子皮屑跟果汁經濃縮後成為不可或缺的爽口醬汁，成品如果再搭配自己喜歡的生菜葉就是一道完美主菜。

材料｜

一付豬肋排約 3~4 支重 600 克

橘子 2 顆

不甜的白酒 120ml

新鮮百里香 4 支

鹽約 1 小匙

黑胡椒適量

橄欖油適量

生菜葉適量

做法｜

1. 刨下橘子皮屑，橘子榨汁，連同白酒、百里香、鹽跟黑胡椒混合均勻，把肋排放入醃泡至少 2 小時（隔夜最佳）。
2. 烤箱預熱 200 度。
3. 以適量橄欖油起油鍋，把豬肋排煎至兩面金黃。
4. 把豬肋排跟所有醃汁放進烤盤烤約 50 分鐘或至肉熟。
5. 盛盤綴上橘子瓣（分量外），淋上烤盤上的美味湯汁，搭配生菜葉完美上桌。

薑燒小里肌豬排

豬的小里肌肉質軟嫩不帶油脂，分切後薄拍成肉排，用鹹鹹甜甜的日式風味醬燒煮，是一道下飯菜也是最佳便當菜。

材料｜

小里肌肉 600 克
麵粉或太白粉適量
生菜絲適量

調味料｜

薑 1 段磨成泥
醬油 5 大匙
味醂 5 大匙
米酒 2 大匙
沙拉油適量

做法｜

1. 把所有調味料放進容器內拌勻備用。
2. 小里肌肉斜切片後以肉槌輕拍成肉排。
3. 在肉排兩面薄薄篩上一層麵粉，平底鍋入沙拉油加熱後，把肉排煎至兩面上色。
4. 把調味料全數倒入，煮至醬汁轉濃、肉排熟透即可起鍋。
5. 盛盤後搭配生菜絲享用。

鹽麴醬油香烤翅仔肉 佐淺漬洋蔥

最近我的優良肉販老闆娘三不五時就會幫我留一份翅仔肉(豬的肩頸肉、離緣肉)，這儼然已成芭娜娜冰箱裡的常備食材了。因為冰箱裡的鹽麴快過期，所以加了醬油跟蒜泥一起醃漬然後送進烤箱烘烤，過程中香得厲害連男孩們都跑進廚房問什麼東西這樣香，淺漬洋蔥是我們在家吃鐵板燒必備，多添了切碎的薄荷葉，用紅胡椒取代黑胡椒，整體風味更加清新爽口，是我很滿意的一道。

材料｜

翅仔肉約 600 克

蒜頭 2 瓣壓成泥

鹽麴 4 大匙

醬油 1.5 大匙

做法｜

1. 翅仔肉洗淨擦乾水分。
2. 在容器中放進蒜泥、鹽麴、醬油調勻，把翅仔肉放進來按摩一下讓醃料均勻包覆在肉上，放進冰箱至少冷藏 2 小時。
3. 烤箱預熱200度，把肉放進烤箱烤10分鐘，然後把溫度調降至 180 度再烤 5 分鐘至肉熟透。
4. 取出靜置 10 分鐘讓肉汁回流，切成喜歡的大小盛盤。

淺漬洋蔥材料｜

洋蔥 1/2 個切碎

薄荷葉(紫蘇葉也可)適量切碎

檸檬皮屑適量

檸檬汁適量

紅胡椒粉(黑胡椒粉也可)適量

鹽適量

做法｜

把切碎的洋蔥泡冰水約 30 分鐘去除嗆辣味，瀝乾水分後加鹽、紅胡椒、適量檸檬汁、薄荷葉及檸檬皮屑，邊調邊試味道，攪拌均勻放進冰箱冷藏約 30 分鐘入味。

鐵板奶油黑胡椒牛柳

自從有一回到中式熱炒餐廳吃飯，點菜時小哥點了黑胡椒牛柳而且告訴我他「非常」喜歡吃，媽媽我就開始努力想複製這味道，幾番嘗試後，自家鐵板奶油黑胡椒牛柳端上桌可也有模有樣哪 ~

材料｜

翼阪牛排(或任何自己喜歡的牛肉部位)1 塊約 500 克

洋蔥 1 顆

蒜頭 2 瓣

奶油 1 小塊約 10 克

油適量

調味料｜

蠔油 3 大匙

醬油 1 大匙

黑胡椒至少 1/2 大匙

牛肉醃料｜

醬油 1 大匙

米酒 1 大匙

白胡椒適量

太白粉 1 大匙

做法｜

1. 牛肉擦乾水分逆紋切成約 1 公分的條狀，以醬油、米酒、白胡椒醃約 20 分鐘。
2. 洋蔥切絲、蒜頭切片，把調味料拌勻備用。
3. 牛肉加入太白粉抓勻，用比炒菜多一點的油熱鍋，溫油下牛肉後先不要翻動，待肉色轉白定型後用鍋鏟翻面，兩面肉色都轉白後就可起鍋，此時牛肉約為四到五分熟。
4. 把鑄鐵烤盤或鐵板在另一口爐小火加熱。
5. 原炒鍋留適量油入蒜頭爆香，接著放進洋蔥炒到洋蔥變軟但仍有脆度呈半透明狀。
6. 把調味料倒進炒鍋炒勻後續入牛肉快速拌勻熄火。
7. 把奶油放進加熱後的鐵板融化，把牛肉倒進來略拌一下就可上桌了。

TIPS

如果家裡沒有鑄鐵烤盤或鐵板，只要在最後把奶油丟進炒鍋拌勻盛盤就完成了。

蠔油爆炒三色骰子牛

做菜時總是想著另一半愛吃的、孩子愛吃的、家人愛吃的、客人愛吃的……很少去想自己愛吃什麼，就自然而然把這些當作自己愛吃的。
這道明亮怡人風情萬種的下飯、下酒菜，牛肉香嫩多汁，各式蔬菜鮮、脆、甜，單純用蠔油媒合整體風味，是我為自己做的菜，補充了鐵質跟紅酒多酚，就希望明天的自己氣色紅潤、風情更萬種，哈哈(一整個想太多)~

材料｜

翼阪牛排(或任何你喜歡的牛排)1塊約500克

玉米筍6支

甜豆1小把

聖女番茄12顆

洋蔥1/2顆

橄欖油適量

鹽適量

黑胡椒適量

蠔油2~3大匙

做法｜

1. 牛排兩面以鹽跟黑胡椒調味備用。
2. 玉米筍斜切成兩段，甜豆掐頭掐尾去粗絲，燒滾一鍋水入內汆燙約1分鐘，取出備用。
3. 洋蔥切絲，小番茄對切。
4. 平底鍋以橄欖油潤鍋加熱，把牛排兩面煎上色至約五分熟，取出後靜置5分鐘讓肉汁回流，然後切成約2x2公分大小備用。
5. 原鍋再加入適量橄欖油加熱後，投入洋蔥炒至呈半透明狀，續入玉米筍跟甜豆翻炒一下，以少許鹽調味。
6. 續入牛肉拌炒，並加入蠔油調味，此動作需快速完成以免牛肉過老。
7. 最後把小番茄投入拌勻並以適量黑胡椒調味即完成。

TIPS

依此做法完成的牛肉約七分熟，可依自己喜歡的熟度增減做法4.的時間。

Rita

香滷牛腱心

滷製食品各家應該都有自己的獨門配方，百家爭香風情萬種，只要家人愛吃就是最棒的，芭娜娜的配方裡比較特別的是鹹味來自三種不同的醬油交融，並且加入兩片月桂葉提香，這樣滷出來的牛腱清香不膩口，切片淋上滷汁就好好味。

材料｜

牛腱心 4 個約 1600 克

青蔥 3 支

老薑 1 塊

月桂葉 2 片

八角 3 顆

黑龍醬油 60ml

龜甲萬醍醐味醬油 60ml

醬油膏 4 大匙

米酒 60ml

冰糖 1 大匙

水 6 杯

做法｜

1. 青蔥切段、老薑輕拍，牛腱心汆燙去血水後洗淨備用。
2. 取一燉鍋把做法 1. 及所有其他材料放進鍋裡，以中大火煮沸後轉小火燉煮約 1.5 小時。
3. 放涼後切片淋上滷汁即可上桌。

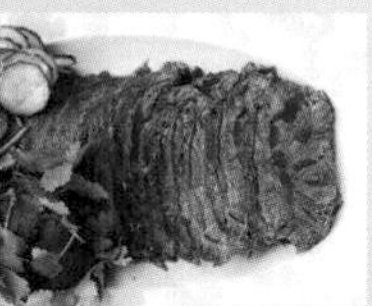

TIPS

1. 放進冰箱冷藏一夜更入味。
2. 分裝冷凍起來，解凍回溫不需加熱就可立即食用。

義式紅酒燉牛肉

總覺得燉煮類食物有一種令人難以抗拒的魔力，準備食材時刀子跟砧板交會的兜兜聲，拌炒時鍋內的滋滋聲，還有燉煮過程的咕嘟咕嘟聲，每一個節奏敲得讓人滿心期待，食材初結合的酸澀隨時間愈長愈濃醇透香，週末一鍋紅酒燉牛肉就這麼在滿室生香中完成。

材料｜

牛肋條（或牛腱）1.5 公斤

洋蔥 1 顆切丁

紅蘿蔔中型 2 條輪切塊並修圓角

培根 5 片切小片

蒜頭 2 瓣

整粒番茄罐頭 1 罐約 14.5 OZ

紅酒 1 瓶（任何品種都 OK，勃根地最優）

牛或雞高湯適量

月桂葉 2 片

中筋麵粉 2 大匙

橄欖油適量

調味料｜

鹽 1/2 小匙

黑胡椒適量

糖 1~1.5 大匙（隨喜酌加）

做法｜

1. 牛肋條洗淨擦乾後以鹽及黑胡椒調味，鑄鐵鍋倒入 1 匙橄欖油加熱，把牛肋條煎至兩面上色後撈起。
2. 煎好的牛肋條切大塊備用。
3. 原鍋續入培根煎至焦香。
4. 入洋蔥拌炒至香氣釋出呈微微透明狀，過程中一定要把焦化的鍋底精華刮上來。
5. 續入紅蘿蔔炒香。
6. 把牛肋條也倒進來拌炒。
7. 整粒番茄倒入繼續拌炒。
8. 倒進整瓶紅酒並加入牛或雞高湯，約至蓋住所有食材並煮至沸騰。
9. 加入月桂葉、蒜頭及適量黑胡椒調味後，轉小火燉煮約 1.5 小時，途中不時撈起浮沫。
10. 可酌加水讓湯汁維持約蓋住食材，試試味道，以鹽及黑胡椒做最後的調整，並用糖收束酸度。
11. 取出少量湯汁與麵粉慢慢混合，再倒回鍋內濃縮湯汁就完成了。

TIPS

馬上上桌趁熱食用，或者放涼後冰進冰箱，隔日加熱後更是入味好吃～

蒜香蜂蜜櫻桃鴨胸 佐甜桔醬

我家小弟每每兩三頓中菜後就會開始思念西式菜色，不像小哥隨和得很，媽媽煮的都愛吃。

皮酥肉嫩又多汁的鴨胸以前覺得是餐廳級菜色，後來因為一心追求餐桌上菜色的變化，食材取得也變得更多元，鴨腿、鴨胸遂收納入袋成為自家餐桌菜單，做法其實一點也不難，喜歡吃鴨肉的朋友不妨試試。

材料｜

鴨胸肉 2 塊

蒜頭 3 瓣

蜂蜜適量

黑胡椒適量

鹽適量

做法｜

1. 烤箱預熱 200 度。
2. 蒜頭輕拍不去皮，鴨胸肉洗淨擦乾水分，在皮上用刀劃出菱格紋，以黑胡椒跟鹽調味後靜置約 10 分鐘。
3. 平底鍋加熱後轉小火，不需放油把鴨胸皮朝下放進鍋裡，待油脂開始滲出後把蒜頭也放進去煎，煎至鴨皮酥香上色，約需 8 分鐘。
4. 翻面續煎約 1 分鐘。
5. 熄火後把煎軟的蒜頭塗抹在鴨胸兩面。
6. 在鴨胸表皮塗上一層蜂蜜後，鴨皮朝上放進烤箱烤約 5 分鐘。
7. 把鴨胸取出放在盤子上置於爐台溫暖的地方約 5~10 分鐘。
8. 把鴨胸切片、盛盤後就可以上桌了。

甜桔醬材料｜

橘子 6 顆

檸檬汁少許

甜桔醬做法｜

把橘子榨汁放進容器中，以中火煮沸後轉小火熬至濃稠，加入幾滴檸檬汁調整風味就完成了。

TIPS

1. 煎鴨胸時會釋出非常多的油脂，中途可把鴨油倒出，鴨油用來炒蔬菜非常棒，千萬別丟掉。
2. 依此做法進烤箱時間即鴨胸熟度，如烤 5 分鐘約五分熟，7 分鐘約七分熟，請依自己喜歡的熟度調整烘烤時間。

柳橙風味烤鴨腿

我覺得鴨腿是神奇的食材，有它在就帶些歡慶與愉悅的氛圍，第一次做這道菜是兩年多前小弟說要慶祝放暑假，打電話到辦公室央求我晚餐做點西式料理，就這麼趕「鴨子」上架「食」驗完成的菜色，烘烤過程中鴨皮的香氣混和柳橙清新氣息，香到讓人直嚥口水，喜歡吃鴨腿的朋友請務必試試。

材料｜

鴨腿 4 支

柳橙 1 顆

橄欖油 1 大匙

君度橙酒 2 大匙

鹽 1/2 大匙

黑胡椒適量

新鮮百里香 4 支
(也可省略)

做法｜

1. 刨下柳橙皮屑然後把柳橙榨汁放進烤盤，接著把橄欖油、鹽、黑胡椒跟橙酒也放進去調勻。
2. 鴨腿洗淨擦乾水分，放進醃料按摩一下並放進百里香，然後置入冰箱冷藏至少 1 小時。
3. 烤箱預熱 200 度，把烤盤從冰箱取出回溫。
4. 把鴨腿連同烤盤放進烤箱烘烤，每 20 分鐘把烤盤裡的鴨油刷在鴨皮上。
5. 烤約 1 個小時或至皮酥肉熟從烤箱取出。
6. 盛盤後綴上柳橙片，淋上適量烤盤上的鴨油就可上桌囉～

油封鴨腿

想要自己封鴨腿起因於之前買的鴨腿（已油封僅需煎或烤香）不是很對味，我們都愛吃鴨腿，不想因此讓家人壞了對這道名菜的觀感，所以才嘗試想要封出屬於自家的風味。

做法其實超簡單，只需花時間來換取美味，可能的話建議一次可以多封一些，分裝後放進冷凍保存，想吃的時候只要退冰回溫進烤箱烤個十來分鐘，法式名菜就能立即上餐桌。

材料｜

鴨脂肪 2 公斤

鴨腿 4 支

海鹽 1 大匙

蒜頭 4 瓣切碎

新鮮百里香 4 支

月桂葉 3 片

做法｜

1. 鴨腿洗淨擦乾，把所有調味料抹在鴨腿上，按摩均勻後放進冰箱冷藏至少 24 小時入味。
2. 把鴨脂肪放進鑄鐵鍋以中小火加熱慢慢煉出鴨油。
3. 煉至鴨脂肪僅剩酥酥的渣後，把渣渣用濾網撈除，脂肪渣不要丟棄可以用來炒菜、拌飯或拌麵喔。
4. 烤箱預熱 100 度，把鴨腿的醃料盡量擦乾淨，放進鑄鐵鍋中注入鴨油至蓋過鴨腿，放進烤箱烤約 3 小時。
5. 把鴨腿從烤箱取出，烤箱溫度提高到 200 度，鴨腿取出放在烤盤中續入烤箱烤約 10 分鐘至皮酥上色後便完成了。

TIPS

1. 可以橄欖油取代鴨油更便利。
2. 油封 3 小時仍稍微保有鴨腿的咬勁，如喜歡更軟的口感請自行加長油封時間。
3. 封好的鴨腿如果沒有立刻吃，可以放涼後放進容器中注入鴨油冷凍保存，要吃的時候拿出來退冰烤（煎）香加熱，非常方便。
4. 鴨油留著可以冷凍保存繼續使用喔。

日式唐揚炸雞

與其孩子們偷偷在外面胡亂吃炸物，不如媽媽親手做，食安問題自己來把關，美味也是絲毫不遜於外哪～

材料｜

去骨仿土雞腿 1 支

雞蛋 1 顆

太白粉適量

炸油適量

雞肉醃料｜

醬油 2 大匙

味醂 1 小匙

清酒（或米酒）1 大匙

檸檬汁（或醋）適量

薑 1 小段磨成泥

蒜頭 1 瓣壓成泥

沾醬｜

日本醬油適量

檸檬汁或柚醋適量

蘿蔔泥適量

把材料拌勻即完成

做法｜

1. 雞腿洗淨擦乾水分後切小塊（約 3~4 公分）。
2. 取一容器把醃料混合後放進雞肉抓勻，醃約 20~30 分鐘。
3. 蛋打勻，另取一淺盤倒進適量太白粉。
4. 雞肉先沾上一層蛋液然後再沾太白粉，並拍掉多餘的粉。
5. 起油鍋讓油溫上升至約 180 度（用筷子插入油中會有小氣泡往上升），把雞肉一塊一塊放進油中炸至肉熟表皮酥脆。
6. 把炸好的雞塊平鋪於網架上略攤涼就可盛盤上桌，單吃或搭配沾醬食用都美味。

Banana Cooking Classes

| 愚婦也能變巧婦之三杯雞 |

S 三杯雞要做得道地有什麼撇步嗎？

B 1. 麻油的燃點低所以容易變苦，我會混合一部分熱炒油來解決這個問題。

2. 薑切薄一點，冷鍋冷油小火慢慢煸，一定要煸到薑片邊緣微微捲起讓香氣完全釋出。

S 三杯雞一定要用雞嗎？

B 妳先喝個三杯我再告訴妳（真是無厘頭啊……）。

三杯雞

材料｜

仿土雞腿 2 支
蒜頭 12 瓣
老薑 1 塊約 8 公分
青蔥 2 支
辣椒酌量
九層塔 1 大把
醬油 5 大匙
米酒 120ml
冰糖 2 大匙
黑麻油 2 大匙
熱炒油 2 大匙

做法｜

1. 雞腿肉切塊，汆燙去血水後瀝乾備用。
2. 蒜頭去皮，老薑切薄片，青蔥切段，辣椒斜切片，九層塔去除硬梗洗淨瀝乾備用。
3. 混合麻油跟熱炒油，冷鍋開始煸薑片，小火煸至薑片邊緣微微捲起香氣徹底釋出。
4. 轉中火入蒜頭、青蔥、辣椒炒香，接著放進雞肉翻炒。
5. 加入冰糖炒勻，然後倒入醬油翻拌均勻，淋入米酒後蓋上鍋蓋轉中小火燜煮約 15~20 分鐘。
6. 打開鍋蓋邊炒邊收汁，收至鍋中幾乎沒有多餘的醬汁且肉色發亮就可熄火。
7. 快速拌入九層塔即可盛盤上桌。

黑啤酒燉雞

燉煮一小時的雞肉已經入口即化，湯汁濃醇而麥香溫潤完全不帶酒精味兒，搭配麵、飯、薯泥或麵包都合拍，是療癒全家人的家庭料理。

材料｜

去骨仿土雞腿 2 支切成喜歡的大小

洋蔥 1 顆切丁

培根 3 片切小片

Guinness 黑啤酒 2 瓶約 800ml

番茄 sauce 1 罐約 400ml

月桂葉 2 片

新鮮百里香 2 支

橄欖油 1 大匙

黑胡椒適量

鹽適量

糖適量

洋香菜適量

做法｜

1. 燉鍋以橄欖油潤鍋後把雞肉煎炒至兩面上色取出。
2. 續入培根煎香，因培根與雞腿肉都會出油，此時如覺得油太多可撈起部分油，不要丟棄可用來炒菜。
3. 入洋蔥丁炒軟至呈微微透明狀，然後把雞肉加進來拌炒。
4. 倒入番茄 sauce 拌勻，接著把黑啤酒全部倒進鍋裡並把香料也放進來。
5. 燉煮約 1 個小時，途中不時撈除泡沫。
6. 試試味道，以鹽及黑胡椒調整一下，也可視個人喜好酌加糖。
7. 熄火，撒上切碎的洋香菜便可上桌。

檸檬香料烤全雞

烤雞應景又具賣相，一上桌節慶或歡愉的氣氛總是百分百，這樣溫暖的菜色取悅著桌邊的每個人，只要家裡擁有一台可以容納全雞的烤箱，那麼就已經成功了一半，很簡單的做法趕快動手做做看，如果妳(你)的烤盤夠大也歡迎加入馬鈴薯、杏鮑菇一起烤，吸飽雞汁的配菜有時候比烤雞本身更誘人呢~

材料｜

仿土母雞 1 隻
2500 克

新鮮迷迭香 4 支

檸檬 1 顆

橄欖油 60ml

蒜頭 3 瓣

鹽約 1 大匙

黑胡椒適量

做法｜

1. 把 2 支迷迭香切碎，檸檬刨下皮屑，蒜頭壓成泥，與橄欖油、鹽及黑胡椒混合拌勻成為香料橄欖油。
2. 把檸檬對切跟剩餘未切的迷迭香塞進雞的肚子，並加入 1 匙香料橄欖油。
3. 把剩下的香料橄欖油均勻塗抹在雞身上醃漬半小時以上。
4. 烤箱預熱 200 度。
5. 把雞放進烤盤，送入烤箱烤約 40~50 分鐘，中途可以沾取烤盤中的雞油刷在雞身上 1~2 次。
6. 把雞翻面，續烤 30 分鐘。
7. 最後一次翻面，把烤箱溫度降到 180 度，續烤 10~20 分鐘，用小刀或烤肉叉刺進雞腿肉最厚的部位，流出的肉汁清澈而不帶粉紅色就代表雞肉熟了。
8. 靜置 10 分鐘後分切，淋上烤盤中的雞汁食用。

香草雞腿鍋

這是一道淡雅而風味緊緻的西式菜色，香嫩多汁的雞腿跟珍珠洋蔥、甜美小番茄融合釋放出鮮美湯汁，非常推薦用麵包蘸食湯汁，烘烤過程總能讓孩子們數度被香氣誘進廚房，期待妳（你）也用這道迷人的香草雞腿鍋魅惑妳（你）的家人。

材料 |

小雞腿 14 支

珍珠洋蔥 20 顆

甜美小番茄 20 顆

蒜頭 3 顆

迷迭香 2 支

百里香 5 支

橄欖油適量

調味料 |

白酒 50cc

鹽適量

黑胡椒適量

做法 |

1. 小巧可愛的珍珠洋蔥去皮備用，烤箱預熱 200 度。
2. 雞腿用鹽跟黑胡椒調味，鑄鐵鍋倒入一大匙橄欖油熱鍋，放進不去皮的大蒜及雞腿煎香。
3. 續入珍珠洋蔥拌炒，然後把小番茄也加進來拌炒。
4. 淋上白酒待酒精略揮發後，以適量的鹽及黑胡椒調味並置入香料，淋上一大匙橄欖油後熄火。
5. 整鍋置入已預熱 200 度的烤箱烤 20 分鐘至雞肉熟透即完成，中途記得翻拌一下。

TIPS

1. 家裡如果沒有鑄鐵鍋可以用平底鍋或自己慣用的鍋子完成做法 1.~4.，然後移入烤盤送進烤箱烘烤。
2. 如買不到珍珠洋蔥可以 1 顆洋蔥取代。

鹽酥雞

芭娜娜常提醒男孩們少在外面買油炸的食物吃，一方面是擔心店家不斷重複使用的炸油產生有害物質，另一方面則是擔心過度調味的問題，想想那幾百公尺外都聞得到香味的炸物，難免讓人聯想到添加人工或化學香精(料)的食安問題。為了解孩子們的饞，自家餐桌偶爾也會上演令人難以抗拒、媲美夜市等級的鹽~酥~雞。

材料|

仿土雞胸肉 1 塊

木薯粉(地瓜粉)適量

耐高溫的植物油適量

醃料|

蒜頭 2~3 瓣壓成泥

醬油 2 大匙

米酒 1 大匙

糖 1/2 大匙

白胡椒粉適量

五香粉適量

做法|

1. 把雞胸肉切成約 3x3 公分大小，以醃料醃至少 20 分鐘入味。
2. 雞胸肉沾裹上地瓜粉後靜置 5~10 分鐘，待其反潮再油炸會更酥脆。
3. 熱油鍋讓油溫上升至約 180 度(用筷子插入油中會有小氣泡往上升)，然後分批把雞胸肉一塊一塊放入油中炸至皮酥約九分熟，用網勺撈起靜置 5 分鐘。
4. 轉大火把油溫提至高溫，再度把雞肉放進油鍋炸約 10~20 秒搶酥，此動作也可把多餘的油逼出。
5. 把雞肉以網勺撈起瀝乾油，並平鋪於烤網上攤涼，請不要省略這個步驟，這是維持雞塊香酥的重點喔~
6. 撒上適量的白胡椒就完成囉！

TIPS

1. 醃料內也可加入 1/2 大匙的太白粉讓炸出來的雞塊內部更軟嫩。
2. 喜歡九層塔的朋友可在最後雞塊撈起後，放入洗淨瀝乾的九層塔快速炸一下撈起，搭配雞塊更有夜市風。

香煎薄拍雞排

雞胸肉排經過拍薄後因為整體厚度一致，不僅較易掌握熟度，而且薄拍後的肉質也更軟嫩多汁，這裡的做法是基礎版，妳(你)絕對可以額外加入任何自己喜歡的香料來調味，如果搭配生菜沙拉就是一道簡易、養眼又美味的主菜。

材料｜

仿土雞胸肉 1 個

鹽適量

黑胡椒適量

橄欖油 2 大匙

做法｜

1. 把雞胸肉從中剖開分切成兩片，在每片肉厚處用蝴蝶刀法讓肉的厚薄盡量一致，然後覆上烘焙紙或保鮮膜以鎚肉棒拍薄。
2. 接著以適量鹽跟黑栶椒調味，平底鍋入橄欖油加熱，把兩面煎上色至八到九分熟(以筷子插入不流粉紅色肉汁)即完成。

TIPS

蝴蝶刀法就是從肉厚處先劃一刀不切斷雞肉，然後再以平刀或斜刀把左右兩邊的雞肉片薄。

鹽麴雞柳 佐蜂蜜芥末籽醬

鹽麴是由米麴、鹽和水混合，經時間發酵而成的調味品。它的鹹度較食鹽低，味道也比較溫潤醇厚，而且麴中含分解酵素有分解蛋白質的作用，因此除了軟化肉質外，還能提升食物的鮮美並有回甘的風味，是近期煮婦為之著迷的調味良品。這裡用鹽麴軟化雞胸較乾柴的肉質，香煎後口感酥酥嫩嫩，沾食香甜蜂蜜芥末籽醬多添一抹濃醇好滋味兒。

材料 |

仿土雞胸肉 1 塊
鹽麴約 2~3 大匙
中筋麵粉適量
橄欖油 8 大匙
喜歡的生菜適量

醬料 |

芥末籽醬 1 大匙
美乃滋 1 大匙
蜂蜜適量

做法 |

1. 雞胸肉洗淨擦乾水分，肉厚處可畫直刀把肉攤成約一致的厚度，然後分切成條狀。
2. 把肉放進容器中加入鹽麴按摩至每一塊肉均沾裹上鹽麴，加蓋放進冰箱冷藏約半天。
3. 把麵粉倒進淺盤，接著把每片雞胸肉沾上一層麵粉並把多餘的麵粉拍掉。
4. 平底鍋放進 4 大匙橄欖油加熱至中溫（約 180 度），把一半的雞柳放進鍋裡，每面約煎 3 分鐘，以筷子穿刺後不流粉紅色肉汁，把雞柳取出放到網架上攤涼。
5. 用廚房紙巾把平底鍋擦乾淨，重複做法 4. 煎完剩下的雞柳。
6. 把所有醬料拌勻，試試味道並稍加調整。
7. 把雞柳盛盤襯上生菜、芥末籽醬即可上桌。

迷迭香煎羊排 襯炙烤蔬菜

羊排其實很好料理，窗台上新鮮採摘的迷迭香切碎後是最迷人的香料，不僅掩飾羊肉特有的氣味也提升了整體層次，海鹽增甜、黑胡椒添香，只要多練習幾次就能掌握自己喜歡的熟度。佐襯用鑄鐵烤盤烤熟的甜豆、櫛瓜、溫室番茄、紅黃甜椒，微帶炭烤味兒的蔬菜比起肉來毫不遜色、惹人食指大動。鋪上一條潔淨而熨燙挺直的白桌巾，香香的氣息跟無瑕的方寸間放上簡單烹調的美味，自家餐桌就能營造出宛若法式小餐館的優雅氛圍。

材料｜

小羊排 6 支

迷迭香 2~3 支
切碎

海鹽適量

黑胡椒適量

甜豆 1 小把

綠櫛瓜 1 條
切片

玉女番茄 10 來顆

紅椒半顆

黃椒半顆

橄欖油適量

做法｜

1. 羊排以廚房紙巾擦乾水分，用鹽調味並撒上迷迭香碎備用。
2. 鑄鐵橫紋平底鍋以橄欖油潤鍋後加熱至高溫，然後把羊排依序放進鍋中，每面約煎 1 分鐘（四個面都要煎）鎖住肉汁，然後續煎至自己喜歡的熟度。
3. 熄火撒上黑胡椒即可起鍋。
4. 原鍋酌加適量橄欖油加熱後依序分批放進蔬菜炙烤，最後以鹽跟黑胡椒調味即完成。
5. 把羊排跟蔬菜依自己喜歡的方式組合就可上桌。

TIPS

1. 用一般平底鍋也可以，只是少了股炭香味兒。
2. 羊排煎烤的時間跟肉的厚度有關，請自行斟酌時間，多練習幾次就能掌握自己喜歡的熟度。
3. 蔬菜煎烤至顏色轉豔、口感爽脆即可起鍋，切勿煎過頭成軟爛口感。

菜色的搭配與安排

對煮婦來說如何搭配菜色應該是一門讓人絞盡腦汁的功課，我們是四口之家，芭娜娜與另一半晚餐吃得少也幾乎不碰澱粉類主食，所以原則上我開的菜單會以成長中的男孩為考量，剛開始的確有點困難，因為廚藝不佳相對餐桌變化也比較少，隨著自己的經驗與漸有所長的手藝，慢慢累積與歸納出幾個原則讓我很快就能想好當日菜色。

營養均衡：均衡的營養對成長中的孩子非常重要，日常晚餐我通常會以一主食、一肉、一海鮮、一蔬菜、一水果的原則來搭配，然後再以亞洲或異國風料理方式來做轉換與變化，如此一來不僅營養飽足同時也兼顧了口腹之慾。比如牛肉在中式可做成青椒炒牛肉，西式嫩煎佐點鹽花就非常美味，鮮魚清蒸、紅燒、乾煎……很好，做成義式水煮魚、香料烤魚、紙包魚……則充滿異國風情，多多嘗試不同的料理方法，餐桌上的變化其實就在我們雙手掌握中。

從一道主菜或主食材延伸發想搭配：一道吸引我的主菜或主食材可能是孩子們預先 order、可能是買菜的時候攤商特別推薦；或許是翻看食譜的靈感、或許是在餐廳吃到想要在家複製……總之以此為起點進而延伸發想其他菜色搭配，菜單的安排是不是就簡單多了。

以家人口味為優先考量：我希望營養均衡並且充滿變化，但一切還是要符合家人口味，比如我家男生們不愛吃辣，我就少做紅豔香辣的料理，喜歡醬色赤濃的肉類料理，我會搭配清蒸、爽脆或涼拌的，對於偏食我用引導漸進的方式期待他們接受，不會特別強迫，畢竟吃飯是件快樂的事，用其他營養相近的食材來取代一樣皆大歡喜啊～

繁簡參半：下班後為了能在短時間內上菜，簡單、美味的菜色絕對是首選，燉煮類料理建議可以在假日先做好，然後分裝冷凍，週間只要解凍加熱就能快速上桌，一種常備菜的概念，如有備料比較花時間或做工太繁複的菜色，我會搭配烘烤、汆燙、清蒸……等簡易菜色，善用廚房工具務求在一定時間內開飯，不讓家人餓肚子也是一門大學問。

以上我通常抓住一兩個原則來做安排，然後我會去思考、去想像食客們吃到時的愉悅表情，了解家人的喜好，想像家人吃到的笑臉，總能讓我輕易決定餐桌菜色，「人」才是決定料理是否美味的關鍵，這是我始終深信不疑的。

當然如果這本食譜書能幫助你快速擬定菜單，那麼我會感到非常之榮幸（笑）。

海鮮 SEAFOOD

西班牙臘腸 (Chorizo) 炒鮮蝦
乾燒鮮蝦仁
明太子焗烤明蝦
西班牙橄欖油蒜味蝦
燒酒蝦
蛤蜊絲瓜
法式鄉村風櫛瓜炒鮮蝦
泰式涼拌海鮮
鮮蝦仁豆腐煲
泰式炸蝦餅
清蒸鱈魚
義式烤海鮮
薄荷香蒜椒鹽透抽
炙烤透抽
鹽煎鮭魚佐百香果橙醬
義式水煮魚
紙包魚
泰式檸檬魚
煎干貝
桂花炒蟹
奶油白酒蒸煮蛤蜊
蒜茸蠔汁蒸扇貝
日式酥炸牡蠣佐塔塔醬

西班牙臘腸 (Chorizo) 炒鮮蝦

西班牙臘腸帶有大蒜跟煙燻味，口感扎實有咬勁，具備濃郁的香氣跟芬芳的油脂，用來入菜風味絕佳，也是西班牙海鮮飯不可或缺的食材，我把它跟鮮蝦同炒，兩支百里香、再熗入少許白酒，海陸雙棲的異國風情，好吃極了 ~

材料｜

鮮蝦約 600 克

西班牙臘腸 1~2 條

蒜頭 2 瓣

百里香 2 支

橄欖油 2 大匙

白酒 2 大匙

鹽適量

黑胡椒適量

義大利香菜適量

蝦醃料｜

白酒、鹽、白胡椒適量

做法｜

1. 鮮蝦去頭去殼去腸泥，以醃料略醃，西班牙臘腸切片，蒜頭切片，義大利香菜切碎備用。
2. 橄欖油熱鍋後煎香蒜片、西班牙臘腸。
3. 把百里香放入炒香後續入鮮蝦翻炒。
4. 熗入白酒後燒至鮮蝦九分熟以鹽跟黑胡椒調味。
5. 盛盤撒上香菜末即可上桌。

乾燒鮮蝦仁

四季輪迴本該有各自的面貌，食物也是，適材適所，得景宜時地運用食材，或是透過不同的烹調方式都能創造季節旬味，天氣冷颼颼，把蝦仁做成較厚重的乾燒風味，是一種抵禦寒冷的想法，扒上一口白飯，幸福的因子在口中跳動，救贖了一天的疲頓。

材料｜

鮮蝦約 25 隻
洋蔥 1/4 顆
小番茄約 10 顆
青蔥 2 支
薑末 1 小匙
蒜末 1 小匙
沙拉油 100ml

調味料｜

豆瓣醬 2 小匙
番茄醬 4 大匙
開水 3 大匙
醬油 1 大匙
砂糖 1 大匙
麻油幾滴

蝦仁醃料｜

鹽適量
米酒適量
白胡椒適量
蛋白 1/2 個
太白粉 2 小匙

做法｜

1. 鮮蝦去頭去殼留蝦尾，縱切一刀開背（不要切斷）去腸泥，加入醃料略醃備用。
2. 洋蔥切末，小番茄對半切，青蔥切末並把蔥白蔥綠分開。
3. 鍋中倒入約 100ml 的油加熱至約 170 度（中溫），把蝦仁分兩批泡油至表面金黃約八分熟，取出備用。
4. 鍋中留少許油炒香蔥白、蒜末及薑末，續入豆瓣醬炒香。
5. 把洋蔥跟小番茄加入炒軟。
6. 續入麻油以外的調味料煮滾，把蝦仁加入拌勻至熟。
7. 滴進麻油，熄火，撒上蔥綠盛盤。

明太子焗烤明蝦

明太子其實就是鱈魚卵。一直被大家誤認為來自日本的它其實源自於韓國，大約二次世界大戰後，日本人把韓國人做的辣魚子改良並變化出許多不同風味，「明太子」到了日本人手裡，便這樣從粗食轉變成料理精品，鹹香口感可以生吃，也適合烤熟或入菜，日本居酒屋便常見明太子料理。
我突發奇想把它與明蝦結合，石榴季時綴上幾顆紅寶石般的石榴子，轉身成為漂亮又層次豐富的宴客菜。

材料｜

明蝦 8 隻

明太子 1 個

美乃滋適量

帕馬森 cheese
適量

石榴子少許
(可省略)

洋香菜葉少許
切碎備用

做法｜

1. 烤箱預熱 180 度。
2. 明蝦開背清掉腸泥並用刀在蝦肉上橫畫 2~3 刀以防蝦肉捲曲。
3. 明太子切開薄膜用刀背刮下魚卵，跟美乃滋以 1:1 的比例拌勻，塗抹在蝦肉上，並刨上少許帕馬森 cheese，放進烤約 8~10 分鐘，或至蝦肉熟透。
4. 從烤箱取出盛盤後撒上切碎的洋香菜葉、點綴些許石榴子，立刻上桌趁熱食用。

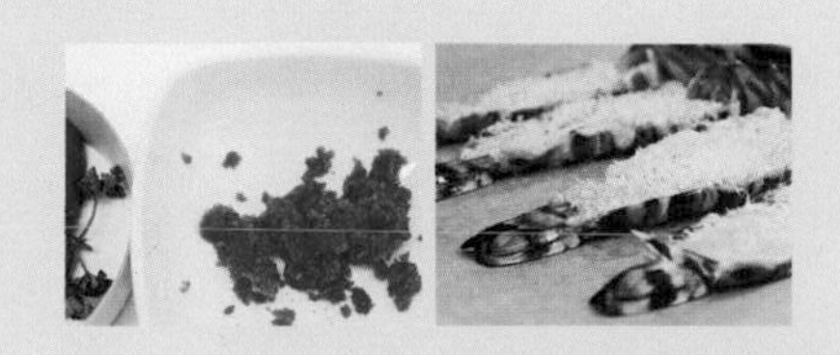

西班牙橄欖油蒜味蝦

聽說橄欖油蒜味蝦是西班牙餐館 tapas 點菜率最高的菜色，老實說我沒有在任何餐廳點過這道菜，會開始習做是因為看了旅遊頻道介紹西班牙傳統料理，其中的橄欖油蒜味明蝦深深吸引著芭娜娜，廚師用小小的 staub 鑄鐵鍋做著兩人的小分量，我在電視機前好像都能聞到香氣，後來自己學著做倒是很快就上手，沾滿蒜香橄欖油的鮮蝦香甜得沒話說，搭著蒜片吃更是絕配，醬汁非常適合以麵包來蘸食。

材料 |

鮮蝦 1 斤
去頭去殼去腸泥

蒜頭約 7 瓣
切片

橄欖油 4 大匙

奶油 1 大匙

鹽適量

黑胡椒適量

義大利香菜適量
切碎

蝦醃料 |

白酒適量

鹽適量

白胡椒適量

做法 |

1. 蝦用醃料略醃備用。
2. 平底鍋倒入橄欖油跟奶油加熱，放入蒜片以中小火慢煎蒜片至呈金黃色（約 10~15 分鐘）。
3. 轉中火放入鮮蝦拌炒至蝦熟，然後用鹽及黑胡椒調味。
4. 熄火盛盤撒上義大利香菜。

燒酒蝦

台味十足的燒酒蝦是天冷時滋補的湯品，酒香與中藥材增添淡雅氣息，如果不是顧慮膽固醇，我估計可以吃掉一整鍋哪～

材料｜

活蝦半斤
當歸 2 大片
枸杞 1/2 大匙
鹽 1/2 小匙
水 250cc
米酒 250cc

做法｜

1. 活蝦剪鬚、去腸泥洗淨備用。
2. 把水、當歸、枸杞、鹽放入鍋內煮沸後轉中小火煮 5 分鐘讓中藥材出味。
3. 把酒加入做法 2. 中煮滾，轉小火續煮 5 分鐘讓酒精揮發。
4. 把活蝦放入鍋中煮至顏色轉紅蝦肉熟透，約 3 分鐘，即可熄火上桌。

Banana Cooking Classes

| 30 分鐘完全攻略之蛤蜊絲瓜 |

(S) 絲瓜要怎麼煮顏色才會漂亮不發黑？

(B) 用短時間快速蒸煮的方式，不要煮過頭顏色自然漂亮又美味。

(S) 蛤蜊的比例該怎麼拿捏呢？我可以加一大堆蛤蜊下去嗎？

(B) 如果很喜歡吃蛤蜊當然可以。

(S) 絲瓜本身會出水，該加多少水才不會失去絲瓜的甜味呢？

(B) 少許，少許，沿鍋邊熗一圈應該就夠了。

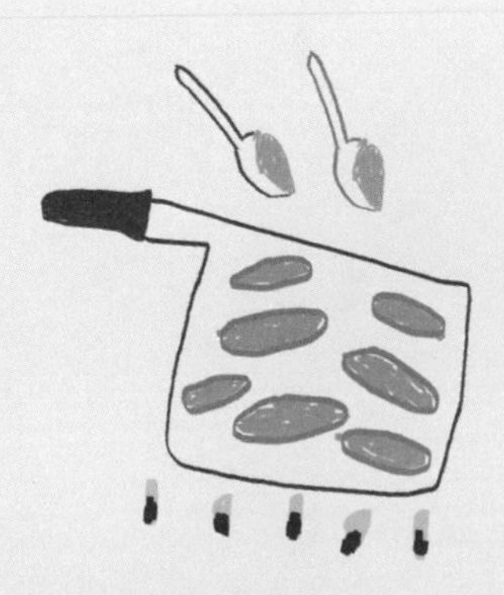

蛤蜊絲瓜

材料｜

絲瓜 1 條
蛤蜊半斤
蒜頭 1 瓣
嫩薑 3 片
水 60ml
鹽適量
熱炒油適量

做法｜

1. 絲瓜輪切片，蛤蜊吐淨沙，蒜頭切片備用。
2. 冷鍋冷油轉中小火入蒜片煎香，續入薑片炒至香氣釋出。
3. 投入絲瓜略微拌炒，把水加入後蓋上鍋蓋煮至鍋邊冒出蒸氣。
4. 打開鍋蓋放入蛤蜊後再次蓋上鍋蓋，煮至蛤蜊殼開約 3 分鐘，熄火試試味道，以鹽調味即完成。

切記！絲瓜皮一定要削到絲瓜都隱約快變白的，吃起來才會嫩嫩的，就像我的皮膚一樣～

STAUB

法式鄉村風櫛瓜炒鮮蝦

逛超市看到新鮮香草隨手帶回已成習慣，冰箱裡這些嬌客常常啟發著我做菜的靈感，羅勒的香氣除了比九層塔柔和之外還帶有一些甜味，入菜優雅而討喜，我家小哥特別喜歡。不久前在雜誌上看到類似的蝦料理照片，我用自己的想像做出很滿意的口感，翻炒時鑊氣醉人，熄火再下羅勒葉，紅紅綠綠好看極了，廚房逸出香香的異國風情，讓人不用出門也有濃濃小酒館的 fu。對了，我很愛用玉女番茄來入菜，口感比牛番茄細緻多了。

材料｜

鮮蝦約 600 克
綠櫛瓜 1 條
玉女番茄 12 顆
蒜頭 2 瓣
新鮮羅勒葉適量
鹽適量
黑胡椒適量
橄欖油 2 大匙

蝦醃料｜

白酒適量
鹽適量
白胡椒適量

做法｜

1. 鮮蝦去頭去殼留蝦尾，背開一刀取出腸泥以醃料略醃備用。
2. 櫛瓜切小塊，玉女番茄對切，蒜頭切片（或切碎），羅勒去莖取葉略切。
3. 平底鍋入 1 大匙橄欖油加熱，放進鮮蝦煎至蝦肉一轉紅立刻取出。
4. 原鍋續入 1 大匙橄欖油，放進蒜頭煎至金黃，接著把櫛瓜加入拌炒約 1 分鐘。
5. 加入番茄拌勻，然後把蝦也放進來拌炒，以鹽跟黑胡椒調味。
6. 熄火，投入羅勒葉拌勻就可起鍋，盛盤綴上羅勒葉就完成了。

TIPS

快速翻炒掌握熟度是重點，過頭了櫛瓜偏軟，蝦肉也會太老喔。

泰式涼拌海鮮

炎炎夏日常覺食慾不振，酸、鹹、香、辣的泰式料理確實能提振食慾，雖然男孩們不嗜辣但仍偶爾陪媽媽上館子吃泰國菜解饞，自家涼拌海鮮我會做成兩種版本，不辣是孩子們的，香辣版本自然是大人戀著的。

材料｜

鮮蝦 半斤

透抽中型 1 隻

番茄 8 顆

香茅 1~2 支

洋蔥 1/4 顆

芹菜 1 支

蒜頭 2~3 瓣

辣椒 1 支

香菜葉適量

調味料｜

魚露 2 大匙

檸檬 1~1.5 顆榨汁

椰糖 2 大匙

泰式辣椒醬適量（可省略）

做法｜

1. 鮮蝦去頭去殼留蝦尾，開背後把腸泥清乾淨，透抽剖開清除內臟後在內面畫斜刀，並切成適口大小。
2. 番茄對切，香茅用刀背輕拍根部後切段，洋蔥切細絲後泡冰水，辣椒切片，蒜頭切碎。
3. 煮沸一鍋水，把鮮蝦跟透抽分別煮熟後立刻撈出泡冰水。
4. 把所有調味料放進大碗中拌勻，把海鮮瀝乾水分後放進碗裡，續入番茄、香茅、瀝乾水分的洋蔥、辣椒跟蒜頭拌勻移入冰箱冰鎮至少 30 分鐘。
5. 從冰箱取出後拌入香菜葉就可盛盤上桌。

鮮蝦仁豆腐煲

基本上豆腐在我們家不是很受歡迎的食材，另一半只愛冷豆腐，男孩們幾乎不吃，芭娜娜則是因為吃了豆類製品腸胃會有脹氣不適的狀況敬而遠之。蛋豆腐應該是唯一全家都可接受甚至喜愛的一款，所以我的豆腐類料理幾乎只使用蛋豆腐。簡單兩面兼上色撒一點優質海鹽或是蘸醬油膏就好吃極了，有時間的話我會做成蝦仁豆腐煲為餐桌增添變化，有家常菜升級為宴客菜的感覺呢！

材料｜

雞蛋豆腐 2 盒

鮮蝦約 20 隻

蔥 1~2 支切末
蔥白跟蔥綠分開

薑末 1 小匙

熱炒油約 3 大匙

調味料｜

蠔油 2~3 大匙

醬油適量

白胡椒粉適量

太白粉約 1 大匙

水適量

蝦仁醃料｜

米酒適量

白胡椒適量

鹽適量

做法｜

1. 鮮蝦去頭尾去殼，挑去腸泥後以醃料略醃約 10 分鐘。
2. 雞蛋豆腐切成大小適中的方塊，平底鍋入 1 大匙油加熱後，放入雞蛋豆腐煎至兩面金黃取出備用。
3. 同鍋再加入一大匙油加熱後，把蝦仁倒入拌炒約六分熟，取出備用。
4. 砂鍋 (或鑄鐵鍋) 以一匙油加熱後，倒入蔥白跟薑末爆香，把所有調味料拌勻後倒進鍋裡 (水約至食材的八分滿) 煮滾。
5. 把豆腐倒進砂鍋裡煮至入味，續把蝦仁倒入再煮約 3 分鐘，試試味道做最後調整，然後熄火，撒上蔥綠上桌。

泰式炸蝦餅

我家小弟雖不愛吃泰國菜但唯獨鍾情於炸蝦餅，一個人可以吃掉完整一份，媽媽為他特製的蝦餅多汁、美味又鮮甜，很得他歡心。

材料｜

鮮蝦仁 550 克

五花豬絞肉 100 克

白胡椒適量

蠔油 1/2 大匙

魚露 1 小匙

麵包粉適量

炸油適量

蜂蜜梅子醋醬｜

蜂蜜 2 大匙

梅子醋 1~1.5 大匙

兩者混合調勻就 OK

做法｜

1. 把蝦仁剁碎（不要剁太細，口感較好），豬絞肉則盡可能剁細一點。
2. 把蝦肉、豬絞肉、白胡椒粉、蠔油跟魚露混合，攪拌均勻也可適度摔打至出筋。
3. 手上沾點水，把混合均勻的餡料捏成圓球狀，大約可做九個。
4. 取一淺盤倒入麵包粉，把蝦球均勻沾裹上麵包粉並略壓成餅狀。
5. 平底鍋倒入約 1 公分高的炸油燒熱至中溫（約 180 度），放進蝦餅炸至兩面金黃後取出，然後置於網架上瀝油並略攤涼。
6. 擺盤上桌，搭配蜂蜜梅子醋醬（或泰式雞醬）食用。

Banana Cooking Classes

| 一次就搞懂之清蒸鱈魚 |

S 鱈魚需要刮魚鱗嗎？

B 因為鱈魚的鱗非常細，所以基本上可以不用刮魚鱗，但我還是會用刀把魚鱗刮乾淨，個人覺得這樣口感比較好。

S 鱈魚除了用蔥薑清蒸外還有其他蒸法嗎？

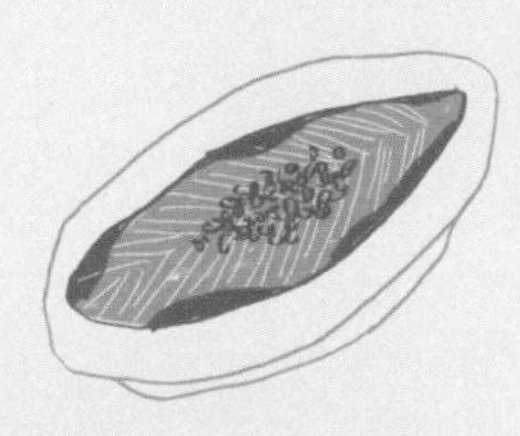

B 可以淋上 2 大匙樹子的湯汁跟 1.5 大匙的樹子入蒸鍋蒸，起鍋後撒上蔥絲淋上熱油就是好吃的樹子蒸魚喔。

鱈魚可是我的拿手好菜！
因為～很簡單～

清蒸鱈魚

材料｜

鱈魚 1 片

鹽適量

米酒適量

嫩薑 3 片

青蔥 1 支

檸檬風味初榨橄欖油
(可省略)

做法｜

1. 用刀把鱈魚皮上細細的魚鱗刮除並洗乾淨。
2. 把鱈魚放進蒸盤以米酒跟鹽略醃，把青蔥切段跟嫩薑一起鋪在魚肉上。
3. 入蒸鍋蒸約 10~15 分鐘 (視魚片大小)，魚肉轉白用筷子可以輕易穿刺魚身即可取出。
4. 滴幾滴檸檬風味初榨橄欖油 (可省略)，綴上青蔥絲趁熱享用。

ROYAL
COPENHAGEN
HANDPAINTED
SINCE 1775
612

義式烤海鮮

烤箱料理是我忙碌時的救星，這道烤海鮮平日吃很好，宴客時紅綠黃的賣相也很討喜，我想應該列入不失敗的烤箱菜才對。

材料 |

大蝦 12 隻
約 400 克

急凍透抽 1 隻

培根 4 片

黃檸檬 1 顆

小番茄 10 顆

蒜頭 2 瓣

白酒 2 大匙

西班牙紅椒粉
1/2 大匙

橄欖油 2 大匙

洋香菜葉適量

鹽適量

黑胡椒適量

做法 |

1. 烤箱預熱 180 度。
2. 大蝦去腸泥洗淨後擦乾水分，透抽解凍後清除內臟切成圈狀並擦乾水分。
3. 檸檬切成舟狀、小番茄對切、蒜頭輕拍不去皮。
4. 取一大烤盤把大蝦、透抽、小番茄、蒜頭放進來，接著加入白酒、紅椒粉跟 1 大匙橄欖油拌一拌後盡量平鋪在烤盤上，不要重疊。
5. 把檸檬角穿插在烤盤空隙，以適量鹽跟黑胡椒調味並淋上剩餘的橄欖油。
6. 把培根隨意覆於食材上，放進烤箱烤約 15~20 分鐘至食材熟透。
7. 取出烤盤撒上撕碎的洋香菜葉。

薄荷香蒜椒鹽透抽

透抽想做椒鹽口味但又想呈現西式風格怎麼辦？傑米．奧利佛的療癒食物裡有道椒鹽墨魚的照片看起來美得像幅畫，也給了我靈感，我約略參考了一下做法然後用自己的方式完成了這道「薄荷香蒜椒鹽透抽」。原本對薄荷在這道菜裡扮演的角色有些疑惑，但品嚐之後不但沒有違和感，而且有畫龍點睛之妙很是清新迷人，強烈建議每一口務必包含所有配料，層層爆發在口中的滋味實在太棒了~

材料｜

透抽 1 隻

蒜頭 4 瓣去皮
切成約 0.1 公分薄片

薄荷 1 小把

辣椒 2 支

青蔥 2 支

中筋麵粉適量

蔬菜油適量

鹽適量

白胡椒適量

做法｜

1. 透抽洗淨去皮，切開清除內臟後擦乾水分，在內部劃斜紋刀痕並切成約 2.5~3 公分大小備用。
2. 蒜頭去皮切成約 0.1 公分薄片，薄荷摘下葉子泡水，辣椒剖開去籽後切成條狀，青蔥切絲泡水備用。
3. 中筋麵粉加入鹽跟白胡椒拌勻，把每一片透抽沾裹上麵粉。
4. 平底鍋倒入約 1~2 公分高的油加熱至約 180 度把蒜片放入煎至金黃後取出，續入透抽煎約 1~2 分鐘後翻面煎熟，取出置於鋪上廚房紙巾的容器裡吸油，接著把辣椒也放入煎至金黃上色。
5. 把透抽、蒜片、辣椒在碗裡混合，試試味道，用鹽跟白胡椒做最後調整。
6. 盛盤，隨意撒上瀝乾撕碎的薄荷葉、蔥絲即可。

炙烤透抽

我常在想如果所有的食物都能這麼簡易烹調而又如此美味，那真是造福人群呵！

材料｜

急凍透抽 1 隻
鹽適量
黑胡椒適量
檸檬 1 顆
橄欖油適量

做法｜

1. 把透抽的頭跟身體分開，頭剖開、去掉眼睛跟嘴巴，把身體裡的軟骨抽出來，內臟清除乾淨，洗淨後擦乾水分。
2. 鑄鐵烤盤或平底鍋（也可以一般平底鍋替代，但就沒有炭香味了）以橄欖油加熱至高溫，把透抽放進鍋裡煎烤。
3. 單面煎上色後再翻面續煎，煎至兩面都上色並熟透，千萬不要煎過頭不然會有橡皮筋般咬不動的口感。
4. 熄火轉入適量現磨海鹽及黑胡椒。
5. 切成圈狀盛盤後刨上檸檬皮屑，食用前擠入適量檸檬汁。

TIPS

鍋子要維持在高溫的狀況才會有炙烤的炭香味兒。

鹽煎鮭魚 佐百香果橙醬

鮭魚其實乾煎就很好吃，一點點橄欖油熱鍋，如果鮭魚的油脂夠多有時候我甚至乾鍋加熱，皮朝下煎至油脂慢慢滲出表皮酥脆，翻面之後煎至九分熟，此時肉嫩多汁不乾柴是最完美的熟度，我也喜歡用當令水果熬煮醬汁來做搭配，酸中帶甜的水果香氣清爽了脂腴的鮭魚。

鹽煎鮭魚材料｜

鮭魚 1 片

鹽適量

黑胡椒適量

橄欖油適量

做法｜

鮭魚洗淨擦乾後以鹽跟黑胡椒調味，平底鍋入少量橄欖油加熱(如鮭魚油脂夠多可不加橄欖油)，放進鮭魚兩面煎上色並至九分熟就可起鍋。

百香果橙醬材料｜

百香果 4 顆
對剖把果肉取出

柳橙 1 顆
榨汁備用

君度橙酒 1 大匙

糖適量

無鹽奶油約 15 克

做法｜

1. 把除奶油外的材料放入鍋中，以中火煮沸後轉小火熬煮至約原來的 1/2。
2. 試試味道用糖調整至自己喜歡的酸度。
3. 把奶油加入融化增加稠度。
4. 用濾網把百香果籽濾掉即完成。

組合

淺盤內以百香果橙醬襯底，把鮭魚皮朝下擺入後再淋上少許醬汁，輕撒切碎洋香菜葉，也可以綴上少許綠色蔬菜增添美感。

義式水煮魚

擺脫中式少不了的蔥、薑燒法，水煮魚的鮮味除了魚之外還有蛤蜊來加乘，番茄、洋蔥是甜味的來源，蒜頭、白酒增添香氣，黑橄欖則提供不同層次的鹹味，集鮮、甜、鹹、香於一鍋，湯汁是蘸麵包、拌麵的珍寶，從未遇過負評每每擄獲人心，也是我私心鍾愛的魚料理。

材料｜

赤鯮、中型 1 條或小型 2 條

蛤蜊半斤

小番茄 10 顆

洋蔥半顆

黑橄欖（或綠橄欖）8 顆

蒜頭 2 瓣

橄欖油 2 大匙

白酒 4 大匙

水 1 杯

鹽適量

黑胡椒適量

洋香菜葉適量

做法｜

1. 赤鯮魚鱗打乾淨，魚腹裡的骨血刮乾淨，洗淨擦乾薄撒一層鹽調味。
2. 洋蔥切細末，番茄對半切，蒜頭去皮，洋香菜葉切碎備用。
3. 平底鍋入橄欖油加熱，把魚滑進鍋裡，並投入蒜頭，魚兩面煎上色，蒜頭注意別煎過頭會有苦味。
4. 把魚輕輕撥到一邊，入洋蔥末拌炒至香氣釋出，然後淋上白酒煮滾後續燒至酒精揮發只留香氣，接著把水倒入煮至沸騰，轉中小火煮至湯汁呈乳白色。
5. 續入蛤蜊、番茄、黑橄欖後蓋上鍋蓋煮至蛤蜊殼張開、番茄變軟。
6. 試試味道以鹽及黑胡椒做調整後便可熄火。
7. 盛盤撒上洋香菜葉即完成。

紙包魚

用烘焙紙包裹食材進烤箱烹調熟化最能保留食物的原汁原味，忙碌時我喜歡用這樣的方式烹煮魚，撕開紙包一股腦兒竄出的香氣讓人唾液瞬間分泌（流口水了），簡單卻不怠慢脾胃呢！

材料｜

紅目鰱 2 條
（或赤鯮、紅條等海魚皆可）

蛤蜊 12 顆

小番茄 6 顆

黃檸檬 1 顆

百里香 4 支

黑橄欖或綠橄欖 6 顆

白酒 50ml

鹽適量

黑胡椒適量

烘焙紙 1 張
裁成約所有食材的兩倍大小

做法｜

1. 烤箱預熱 200 度。
2. 把魚腹清乾淨骨血也要用刀刮乾淨，洗淨並擦乾魚身，把小番茄對切，檸檬切片備用。
3. 烘焙紙平鋪在料理檯面上，把魚平放在紙的中間位置，在魚腹內抹上一層薄薄的鹽，把 2/3 的檸檬片、百里香、橄欖分別塞進魚腹中。
4. 把番茄、蛤蜊擺放在魚的周圍。
5. 撒上適量黑胡椒及鹽並把白酒淋上。
6. 把烘焙紙兩側往上提起摺密，頭尾捲成如糖果狀形成一中間保留些許空間的密閉狀。
7. 放進烤盤送進烤箱，烤約 15~20 分鐘至魚肉熟透。
8. 從烤箱取出後剪開烘焙紙，綴上剩餘的檸檬片。
9. 把紅目鰱魚皮撕開，擠進檸檬汁趁熱食用。

泰式檸檬魚

年輕時很風行泰國菜，街頭泰式餐廳如雨後春筍般櫛比鱗次，當時的男友（現在的另一半）帶我嚐遍台北市知名的泰式餐廳，泰式檸檬魚酸香爽口是我必點的菜色，結婚後有人才坦承告知他其實不太敢吃辣，哈哈～好可憐，犧牲真大。把魚腹內的骨血刮乾淨，蒸出來的湯汁便鮮而不腥，保留部分湯汁再淋上泰式風味醬，簡單呈現濃濃泰國味兒，一定要試試。

材料｜

鱸魚 1 條

蒜頭切末 5 瓣

大紅辣椒切末 1 支
（嗜辣者可用朝天椒）

香菜 1~2 株

檸檬 1~2 顆

魚露 3 大匙

薑 3 片

鹽適量

做法｜

1. 鱸魚去鱗後把腹中骨血刮除乾淨，洗淨後擦乾魚身，薄薄抹上一層鹽，放上薑片入蒸鍋蒸約 13 分鐘，蒸的時間需視魚的大小調整。

2. 香菜把梗跟葉分開，梗切末，與蒜頭、辣椒、檸檬汁、魚露混合備用，試試味道可依自己的喜好做調整。

3. 魚蒸熟後把薑片丟棄，保留部分湯汁，把做法 2. 淋上再蒸約 2 分鐘，注意別把香菜蒸黃了。

4. 撒上香菜葉綴上檸檬片就完成了。

Banana Cooking Classes

| 讓你從初學者變三星主廚之煎干貝 |

(S) 我煎的干貝為什麼會縮水變好小？

(B) 冷凍干貝一定要提前放冷藏室完全退冰，而且要用紙巾把水分吸乾。

(S) 為什麼煎出來的干貝吃起來有點柴？

(B) 一定要在高溫的狀態才下鍋，如此才能鎖住美味，如果鍋子溫度太低干貝會不斷出水流失精華，口感就不佳了。

(S) 怎麼煎出餐廳等級的干貝？

(B) 生食級干貝只要煎至兩面焦糖化上色就可以起鍋，煎太久干貝會縮水口感也會變得乾柴。

煎干貝

材料｜

生食級干貝
鮭魚卵適量
橄欖油適量
洋香菜葉適量
海鹽適量

做法｜

1. 干貝完全退冰後用廚房紙巾徹底把水分吸乾。
2. 平底鍋入橄欖油潤鍋加熱至高溫後放入干貝，維持大火先不要翻面。
3. 煎至表面呈現漂亮的焦色後翻面續煎。
4. 另一面也煎至焦化上色就可起鍋，此時大約是九分的完美熟度。
5. 盛盤後以適量海鹽調味並綴上鮭魚卵，撒上切碎的洋香菜葉，完美上桌。

好吃到老娘
想轉圈圈了～

桂花炒蟹

我們是熱愛海鮮的家族，秋蟹肥美時必定到漁港挑選蟹黃超多的沙母來打牙祭，清蒸佐薑酒醋汁已經風味迷人，先油炸後以青蔥跟洋蔥拌炒出香氣，最後淋下蛋液收束精華的做法也是一絕，蟹黃香、蟹肉甜，伴著雙蔥與桂花(蛋)一起品嚐，秋天的滋味盡在盤中，是足以讓人不顧形象的吮指美味啊！

材料｜

沙母 2 隻
約 2 斤重

洋蔥 2 顆

雞蛋 4 顆

青蔥 2 支

麵粉適量

炸油適量

蠔油 1~2 大匙

水適量

做法｜

1. 沙母洗淨後把蟹殼拔開蟹黃取出放進碗裡，蟹鉗也取下後用刀背略拍，然後把蟹身切大塊備用。
2. 洋蔥切絲、青蔥切段，並把蔥白跟蔥綠分開，把雞蛋打入碗中混合均勻。
3. 蟹肉的切口沾上麵粉，蟹黃也拌入適量麵粉。
4. 炸油入鍋中加熱至中溫，放進蟹肉炸至八分熟取出，續入蟹黃也炸至八分熟取出。
5. 油鍋留下 2 大匙油，將蔥白跟洋蔥入油鍋炒至微微透明狀，續入螃蟹、蟹黃翻炒。
6. 接著倒入適量蠔油繼續拌炒，然後倒入適量的水炒至螃蟹熟透。
7. 試試味道調整一下，倒入混合過的蛋液拌勻，最後拌入蔥綠即成。

一刀未剪，真實呈現
掃我看終極殺手影片示範

奶油白酒蒸煮蛤蜊

蛤蜊如果夠新鮮只要把沙吐乾淨，淋一點白酒蒸煮至殼開就鮮甜到令人銷魂，但我喜歡用橄欖油炒香蒜碎、紅蔥頭讓風味更有層次，最後加一塊奶油讓湯汁乳化更醇厚，搭配烤得香酥的長棍麵包，不管當作早午餐或晚餐都已然過癮至極。

材料｜

蛤蜊 900 克
橄欖油 2 大匙
蒜頭 2 瓣切碎
紅蔥頭 3 個切片
白酒 150ml
奶油 30 克
黑胡椒適量
鹽適量
洋香菜葉切碎適量

做法｜

1. 以橄欖油熱鍋後加入蒜頭煎香，續入紅蔥頭炒軟釋出香氣。
2. 倒入蛤蜊翻炒後淋下白酒，蓋上鍋蓋以中火煮至殼開。
3. 加入奶油拌勻後以黑胡椒調味，試試味道，如覺得不夠鹹可酌加鹽。
4. 熄火，撒上洋香菜葉就可上桌了。

蒜茸蠔汁蒸扇貝

用橄欖油香煎後撒一撮鹽、一點黑胡椒的偏西式做法，是我比較常做的扇貝料理，偶爾用粵式餐廳蠔汁來蒸炊的方式，也許因為更貼近東方胃，親切又下飯，總讓家人回味無窮。

材料｜

北海道熟凍
帆立貝 8 顆

青蔥 2 支
切絲泡水備用

米酒少許

蒜頭 4 瓣切碎

蠔油 2 大匙

水 4 大匙

黑胡椒適量

白胡椒適量

沙拉油適量

做法｜

1. 帆立貝以米酒略醃後排入盤中。
2. 蠔油與水調勻並拌入切碎的蒜茸。
3. 把做法 2. 的醬料淋在帆立貝上入蒸鍋蒸約 3-5 分鐘取出。
4. 蔥絲瀝乾擺放在每顆帆立貝上並撒上黑、白胡椒。
5. 鍋子入沙拉油加熱後把熱油淋在蔥絲上即完成。

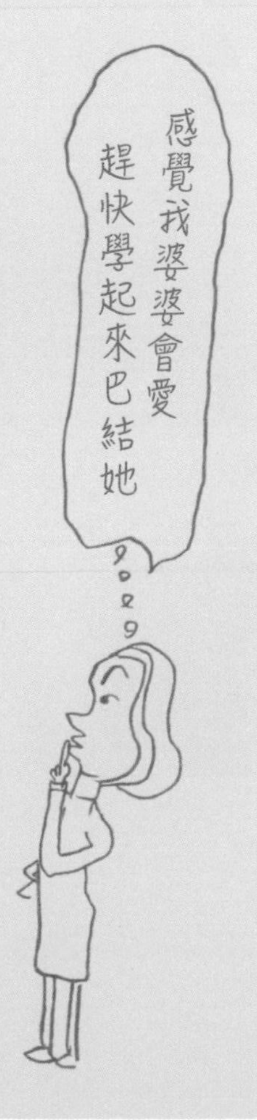

日式酥炸牡蠣 佐塔塔醬

酥酥的牡蠣蘸上塔塔醬熱熱送進嘴裡，鮮美海味瞬間在口中爆漿，小心燙口喔～

炸牡蠣材料｜

冷凍日本廣島牡蠣約 600g 解凍備用

檸檬 1 顆

中筋麵粉 1/2 杯

全蛋 2 顆

麵包粉 1 又 1/2 杯

耐高溫的蔬菜油適量(約 3/4 杯)

做法｜

1. 牡蠣沖水洗淨瀝乾水分，並用廚房紙巾把大部分的水分吸乾。
2. 在牡蠣表面刨上檸檬皮屑。
3. 準備三個盤子，一個放中筋麵粉，第二個放進全蛋並把蛋打散混合，第三個倒進麵包粉。
4. 一次一個把牡蠣均勻裹上麵粉並拍掉多餘的麵粉，然後沾裹上蛋汁，最後沾裹麵包粉稍微按壓一下使麵包粉緊密包覆。
5. 平底鍋或炒鍋注入約 1 公分高的油加熱至中溫(約 180 度)，把牡蠣一顆一顆放進油鍋以中小火炸至表面呈淡褐色，撈起後置於網架上攤涼。
6. 分批把牡蠣炸完，攤涼約 5~10 分鐘。

塔塔醬材料｜

桂冠美乃滋 1 條約 100 克

全熟水煮蛋 1 顆

洋蔥 1/4 顆

芥末籽醬 1 小匙

檸檬汁適量

黑胡椒適量

巴西利適量

做法｜

1. 洋蔥切細末泡冰水去除辛辣味後瀝乾水分。
2. 巴西利切碎，水煮蛋用湯匙切碎。
3. 把美乃滋擠進 1 容器中，續入做法 1.、2. 的材料及芥末籽醬拌勻，試試味道，調入適量檸檬汁跟黑胡椒就完成了。

餐具的選擇

餐桌上除了菜色的變化外，我也很注重餐具與食物的搭配，在此要特別強調好吃的菜絕對比漂亮而無味的料理受歡迎。我自己是寧願在路邊攤吃一碗便宜飯碗裝的噴香滷肉飯，也不願意在擺盤精緻但食物卻如嚼蠟般的高級餐廳用餐。再試想一下家人、朋友吃到你做的菜，是評餐具漂亮還是讚料理好吃更能討你歡心？所以在搜尋採購喜歡的餐具之餘，別忘留點時間練習廚藝，色、香、味俱全是永遠不敗的真理。

跟大家分享幾個我採購餐具的經驗：

1. **以白色為基底：**白色包容性最強，不同色彩的食物往往都能在白裡盡情展現姿態，恰如其分呈現美感，我自己就收藏了三到四套純白餐具，有的年資甚至已經超過十年以上。當然餐桌也需要其他色彩的餐具增加豐富性，我個人偏好藍色系，所以在色彩上總以此為考量做搭配，除了單色系，選擇不同材質、不同形狀、圍著花邊、帶線條的……都能營造不同的餐桌氛圍。

2. **兩兩成雙：**兩兩成雙讓餐桌靈活萬變，這不僅適用在日常中、西式料理，宴客時以同色調兩兩成雙的不同款式當個人主餐盤，每每都能創造出屬於自己風格的餐桌風景，這也是煮婦我樂此不疲的遊戲。

3. **大盤大碗不可少：**我的料理大部分採同桌分食的形式，很義大利家族的感覺，所以漂亮的大盤大碗是我不可或缺的選擇，近年來台灣因為飲食更多元化，所以此類商品也比以前更容易在賣場搜尋到。

4. **小缽小碟增添美感：**小缽小碟用來盛裝開胃菜、醬料、奶油十分好用，高高低低形狀各異自然能擺出一桌美好。

5. **好看好用可直接上桌的漂亮鑄鐵鍋：**鑄鐵鍋好用不在話下，不但可在爐火、電磁爐上炒、炸、燉，更能直接進烤箱烘烤，一只好看的鑄鐵鍋讓料理一鍋到底好方便，直接擺上桌也是美觀大方惹人讚嘆。

6. **木質調砧板、隔熱墊……：**木質調器皿在陶瓷、玻璃等杯杯盤盤中製造溫潤感，也是我想推薦給大家的。

漂亮的餐具讓菜色加分賞心悅目，也讓料理人心情大好，心情好做出來的菜才會好吃，對吧？但過多難免會有收納空間不夠用的窘境，購買前先想想是否與現有餐具好搭配，是否好收納，三思而後行絕對有必要。

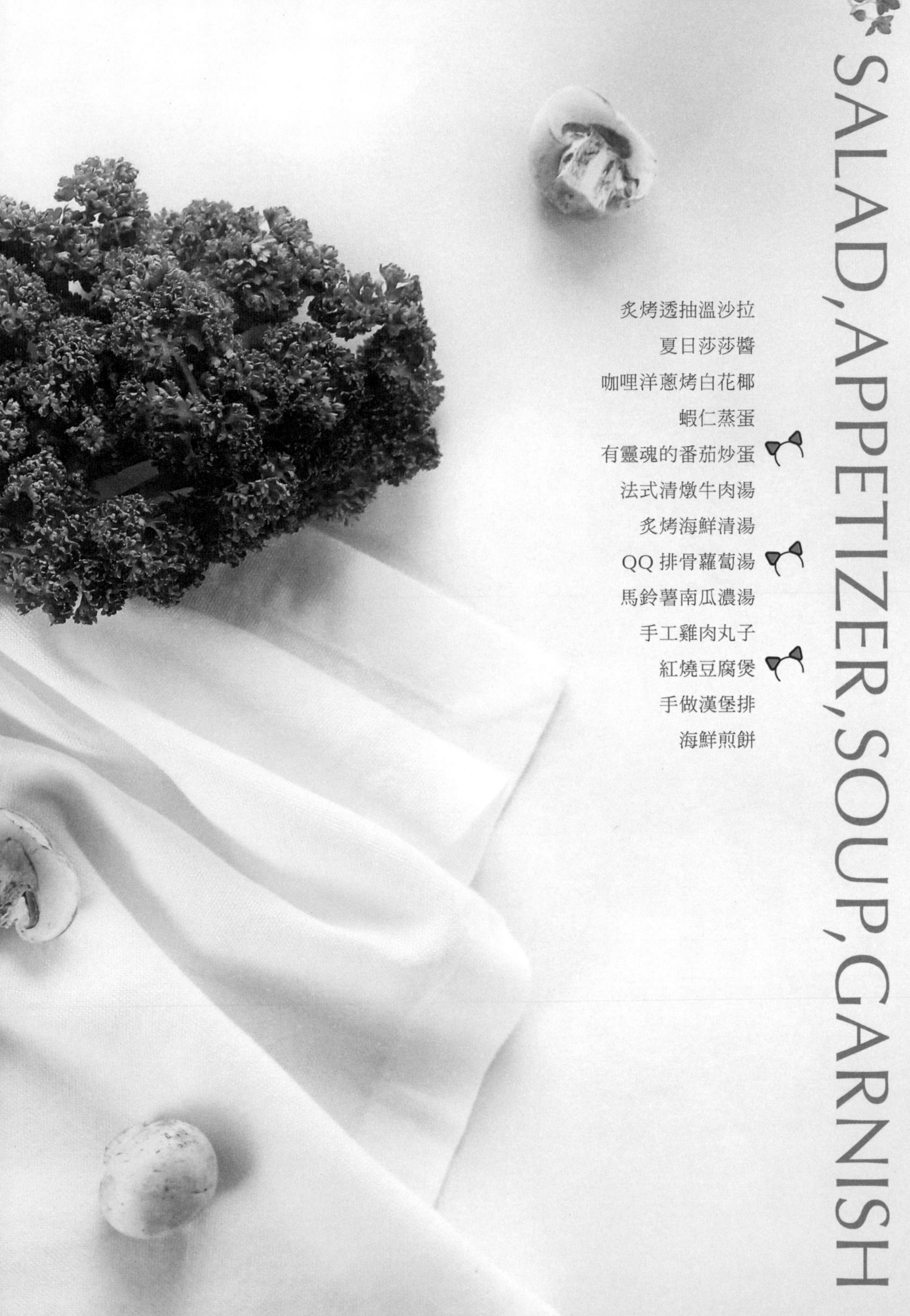

沙拉、開胃菜、湯品與配菜

SALAD,APPETIZER,SOUP,GARNISH

- 炙烤透抽溫沙拉
- 夏日莎莎醬
- 咖哩洋蔥烤白花椰
- 蝦仁蒸蛋
- 有靈魂的番茄炒蛋
- 法式清燉牛肉湯
- 炙烤海鮮清湯
- QQ 排骨蘿蔔湯
- 馬鈴薯南瓜濃湯
- 手工雞肉丸子
- 紅燒豆腐煲
- 手做漢堡排
- 海鮮煎餅

炙烤透抽溫沙拉

我家男孩們愛吃熱炒時蔬不愛生食的沙拉，但媽媽我總希望他們多攝取不同的營養，所以沙拉葉還是會輪番出現在餐桌上，為了破解他們的心防我會加一些水果，或是煎烤些海鮮做成溫沙拉，再淋上混合蜂蜜略帶甜味的醬汁，便往往能收盤底朝天之效呢～

材料｜

透抽中型 1 條

喜歡的水果適量

喜歡的生菜葉適量

橄欖油適量

鹽適量

黑胡椒適量

做法｜

1. 透抽從中間剖開成一片，把頭跟身體分開，清除內臟並去皮後洗淨擦乾備用。
2. 鑄鐵橫紋烤盤（或平底鍋）以橄欖油加熱。
3. 把透抽煎熟並以黑胡椒跟鹽調味後取出放涼，接著把透抽切成喜歡的大小。
4. 把生菜葉、水果、透抽漂亮地擺進盤中，磨進適量檸檬皮屑。
5. 淋上沙拉醬拌勻後即可享用。

沙拉醬材料｜

檸檬 0.5~1 顆

初榨橄欖油 3 大匙

蜂蜜 1 大匙

鹽適量

黑胡椒適量

沙拉醬做法｜

把所有材料放進深碗中攪拌至乳化即完成。

夏日莎莎醬

愛文芒果是台灣夏日最甜美的果實，盛產時節處處可見蹤跡，直接品嚐最實際，隱身於甜點、化作零食或是用來入菜一樣討喜，我有點考驗耐心般地把它切成小丁與其他食材拌成莎莎醬，是酸酸甜甜盛夏獨享的開胃菜。

材料｜

愛文芒果 1 顆

牛番茄 2 顆

洋蔥 1/4 顆

甜羅勒 1 小把

檸檬 1 顆

辣椒 1 支

初榨橄欖油 3 大匙

鹽適量

黑胡椒適量

做法｜

1. 愛文芒果削皮去核後切成小丁，牛番茄去子切小丁。
2. 洋蔥切丁泡冰水約 30 分鐘去除嗆辣味，然後瀝乾水分備用，羅勒洗淨切碎，辣椒去籽後亦切碎。
3. 檸檬刨下皮屑，擠汁備用。
4. 把以上材料放進容器，加入橄欖油，並以鹽及胡椒調味，試試味道，調整成自己喜歡的味道。
5. 放進冰箱冰鎮 1 小時即可享用。

TIPS

1. 檸檬汁可以邊調邊試味道慢慢酌加，不要一次全下以免過酸。
2. 搭配洋芋片或法式長棍麵包是絕妙組合。

咖哩洋蔥烤白花椰

喜歡吃花椰菜是一種癮頭，水煮的清甜、大蒜爆炒的爽脆，淋上橄欖油烤得焦香更是中西式料理的完美配菜，在這裡我加了洋蔥絲與咖哩粉一起進烤箱，讓整體口感跟香氣更優。

材料｜

白花椰 1 顆
洋蔥半顆
蒜頭 3 瓣
橄欖油 2 大匙
咖哩粉適量
鹽適量
黑胡椒適量

做法｜

1. 白花椰分切小朵，用削刀削掉一層梗上的粗皮，洗淨後瀝乾水分。
2. 洋蔥切絲，蒜頭輕拍不去皮。
3. 取一烤盤放進蒜頭、橄欖油、鹽、黑胡椒、咖哩粉略拌勻。
4. 把洋蔥跟白花椰放進烤盤跟做法 3. 拌勻。
5. 放進預熱 180 度的烤箱烤約 20 分鐘，中途記得翻拌一次。
6. 試試味道以鹽跟黑胡椒做最後調整然後趁熱上桌。

蝦仁蒸蛋

絲滑如布丁的漂亮蒸蛋需要一點點小技巧，加入現剝蝦仁增鮮，不管是拌飯或當湯喝都是極品。

材料｜

雞蛋（大）2 顆
鮮蝦仁 4~6 隻
水 240ml
醬油 1 小匙
鹽 1/2 小匙
香菜葉適量

蝦仁醃料｜

鹽適量
米酒適量
白胡椒適量

做法｜

1. 蝦仁以醃料抓勻備用。
2. 雞蛋打散後加入水、醬油、鹽拌勻，用濾網濾進大碗中。
3. 電鍋外鍋倒入一杯水（分量外），把碗放進去，鍋蓋與鍋體間架一支筷子留一縫隙，便可得到表面絲滑如布丁的漂亮蒸蛋。
4. 按下電鍋開關開始蒸。
5. 8 分鐘後打開鍋蓋把蝦仁擺放在蛋上。
6. 蓋上鍋蓋繼續蒸至電鍋跳起，點綴香菜葉便可上桌。

Banana Cooking Classes

| 必勝教學之有靈魂的番茄炒蛋 |

(S) 要怎麼炒出有靈魂的番茄炒蛋？

(B) 糖是靈魂所在，讓酸甜番茄與兩種口感的炒蛋交織繾綣出美妙滋味，千萬別省略。

(S) 除了鹽之外為什麼還要加醬油？

(B) 不同的鹹味來源讓整體層次更豐富喔～

老娘要炒出
有靈魂的番茄炒蛋！

有靈魂的番茄炒蛋

材料｜

牛番茄 3 顆

雞蛋 5 顆

鹽適量

醬油 1 小匙

糖適量

水適量

油 2 大匙

做法｜

1. 牛番茄在蒂頭處劃十字刀，以沸水煮至皮微微裂開，取出泡冷水後把皮撕掉並切塊（也可以用番茄刨刀去皮）。
2. 把 4 顆蛋打勻，用 1 大匙油起油鍋後倒入蛋液至周圍開始凝固，然後用筷子或鍋鏟快速攪拌成喜歡的大小後撈起備用。
3. 原鍋續入 1 大匙油熱鍋，放進番茄丁拌炒至番茄變軟，加入適量的水煨煮至茄紅素釋放出來。
4. 倒入已炒好的蛋拌勻後，以鹽、醬油跟糖調味，試試味道，調整至自己喜歡的口味。
5. 把最後 1 顆蛋打勻後沿鍋邊倒入，煮至蛋液半凝固，就可以熄火起鍋了。

法式清燉牛肉湯

燉煮一鍋好湯是幸福的，把食材清洗乾淨切成喜歡的大小，然後通通丟進燉鍋小火慢燉，偶爾留意一下爐台上的微微火光，讓它維持輕輕沸騰著，翻滾而上的、從鍋裡蔓延出滿室幸福滋味。
這道牛肉湯裡的蔬菜分成兩部分，先熬煮湯底然後捨棄並濾掉雜質，接著下另一部分蔬菜熬煮至熟軟，如此一來湯汁澄澈，嚐來醇潤端麗，果然十足法式優雅的牛肉湯。

材料 A |

牛肋條 1 公斤

洋蔥 2 顆
每顆對切

紅蘿蔔 2 條剖半

乾燥香草束 1 束

西芹 2 根切大段

黑胡椒粒 12 顆

材料 B |

20 顆珍珠洋蔥
去皮

2 條紅蘿蔔
切圓形大塊

鹽適量

黑胡椒適量

做法 |

1. 把牛肋條放進大鍋汆燙數分鐘後取出，用冷水把肉洗乾淨。
2. 把洗淨的牛肋條跟所有材料 A 放入燉鍋，以中大火煮至水滾後轉中小火燉煮約 1 小時，水要維持蓋住食材，需要的話可以酌加水量。
3. 熄火，把肉取出切塊，撈出鍋裡的蔬菜丟棄不用，並用濾網把湯汁過濾進其他耐熱容器。
4. 把鍋子洗乾淨並把濾過的湯倒回鍋子裡，放進材料 B 的蔬菜，用小火煮約 30 分鐘或直到材料熟軟。
5. 嚐嚐味道，以鹽及胡椒調味，然後就可盛盤上桌。

炙烤海鮮清湯

剝蝦仁餘下的蝦頭我會保存在冷凍庫，空閒時熬煮成蝦高湯，是料理海鮮時增鮮的利器，這道海鮮清湯就是以此為基底，成品鮮甜甘潤讓一家人讚不絕口，也是非常適合宴客的一道湯品，簡單一點的做法是把海鮮放進濾過的高湯煮熟，但就少了一抹炭烤香氣喔～

材料｜

蝦頭約 20 個

洋蔥 1 個切丁

月桂葉 2 片

新鮮百里香 2 支

威士忌
(或君度橙酒)60ml

水約 2000cc

小番茄約 10 來顆

大蝦 8 隻
洗淨去腸泥

蛤蜊半斤

透抽半隻
清除內臟切成圈狀

橄欖油適量

奶油適量

黑胡椒適量

鹽適量

檸檬適量

做法｜

A：蝦高湯

1. 鍋內入 1~2 匙橄欖油加熱後入蝦頭煎香。
2. 續入洋蔥丁炒至香氣釋出呈微微透明狀。
3. 熗入威士忌炒至酒精揮發只留香氣。
4. 把水倒入並把香料也放進鍋內，煮沸後轉中小火熬煮約 20 分鐘，途中可不時撈除浮沫。
5. 熄火，用濾網過濾兩次，如湯汁太濃可酌加適量水稀釋，再次加熱後以適量鹽及黑胡椒調味即完成鮮味十足的蝦高湯。

B：炙烤海鮮清湯

6. 平底鍋或鑄鐵烤盤入適量橄欖油跟奶油熱鍋，把大蝦及透抽分別煎熟。
7. 蝦高湯煮沸後放進小番茄跟蛤蜊煮至殼開即把蛤蜊撈起備用。
8. 把蛤蜊跟煎好的海鮮擺進湯碗、淋上高湯，搭配檸檬角上桌，請務必擠入檸檬汁趁熱喝。

Banana Cooking Classes

| 輕鬆搞定之 QQ 排骨蘿蔔湯 |

S 為什麼要用豬軟骨？
我都用不帶肉的小排煮湯啊？

B 豬軟骨燉煮過後肉嫩骨頭也 QQ 的，咬一咬甚至可以直接下肚，是大人小孩都喜歡的口感喔！

S 有時小孩會要求放甜不辣，但我個人覺得會影響湯頭，但小孩真的很愛甜不辣，想當年我也很愛，但自從成為國際廚娘後，就非常在乎湯頭的純、鮮。

S 什麼季節的蘿蔔最好吃呢？

B 冬天才見芳蹤的白玉蘿蔔，形狀修長口感纖細又清甜是最佳選擇，但其實台灣現在的農業技術已能栽種出一年四季都好吃的蘿蔔。

type 301

QQ 排骨蘿蔔湯

材料｜

豬軟骨 300 克

白蘿蔔 1 條

水適量

鹽適量

白胡椒適量

芫荽葉適量

做法｜

1. 白蘿蔔去皮切滾刀塊（或輪切），豬軟骨汆燙後洗淨備用。
2. 把蘿蔔跟軟骨放進燉鍋注入冷水約至八分滿。
3. 以中大火煮沸後轉中小火慢燉約 40 分鐘。
4. 最後以鹽調味及完成。
5. 可依個人喜好酌加白胡椒或撒上芫荽葉享用。

知道姐姐的
厲害了吧！

馬鈴薯南瓜濃湯

我家男孩對於南瓜料理一概敬謝不敏，但這麼可愛又美味的食材不入他們的口芭娜娜覺得實在可惜啊～媽媽就愛接受挑戰，某日腦中忽然靈光一閃，加進他們最愛的馬鈴薯煮成濃湯試試，沒想到南瓜因此得以正式登上我家餐桌，成為男孩們的新寵。黃澄澄的濃湯因馬鈴薯的投入而更有深度，據男孩的說法是增加了香氣減少了南瓜的怪味（南瓜明明很香的說），反正他們喜歡媽媽就開心，原因也就不深究了。

材料｜

南瓜約 600 克

馬鈴薯 1 顆
約 300 克

橄欖油 2 大匙

水 3 杯

鹽適量

黑胡椒適量

鮮奶油適量

做法｜

1. 南瓜跟馬鈴薯削皮後切成約 0.2 公分的薄片。
2. 鍋裡入橄欖油加熱後，放進南瓜跟馬鈴薯薄片拌炒，炒至香氣釋出食材微軟（約 5 分鐘）。
3. 續入水煮滾後，轉中小火燉煮 10 分鐘至食材熟軟。
4. 略放涼後倒入果汁機打成泥。
5. 倒回原鍋中以中小火加熱，此時可以適量水或鮮奶油調整濃度。
6. 試試味道以鹽跟黑胡椒調味即完成。

TIPS

1. 切薄片時盡力就好不用太執著，當然越薄煮熟的時間相對快速。
2. 如果沒有果汁機也可以在食材煮熟後用鍋鏟壓成泥，省略做法 4.。
3. 也可以加入雞肉或海鮮等自己喜歡的食材增加豐富及飽足感。

手工雞肉丸子

男孩們很喜歡貢丸、花枝丸、蝦丸、魚丸……等丸子類食物(其實我自己也很喜歡 ^^)，雖然煮婦會嚴格慎選才購買，但畢竟這些仍屬加工類食品，所以久久才給吃一次，偶爾我會手做雞肉丸子來解饞，自製丸子食材、調味、做法自己了然於心，吃得也安心，貫徹煮婦一心守護家人健康的理想。

材料｜

去皮雞胸肉
約 600 克
請肉販攪打成絞肉

調味料｜

淡色醬油 1 大匙
(我用的是黑龍白蔭油)

味醂 1 大匙

太白粉 1 大匙

蛋白 1 顆

薑末 1/2 小匙

鹽 1/4 小匙

做法｜

1. 雞絞肉用刀剁至出筋有黏性。
2. 把絞肉移至容器中加入所有調味料。
3. 用筷子順著同一個方向持續攪拌至肉吸收所有調味料，呈現出筋的黏稠感。
4. 用手拋摔肉糰，少則 5 分鐘，多則 10 分鐘，然後靜置在旁入味。
5. 燒滾一鍋水後轉中小火，用手抓起肉糰從虎口擠出圓球狀並用湯匙刮起放進鍋裡，重複此動作至所有絞肉用完，轉中大火煮至丸子浮出水面熟透即可撈出丸子。

TIPS

用食物調理機把雞肉打成泥，做出來的丸子會更柔滑細緻。

Banana Cooking Classes

| 老公愛死妳必學之紅燒豆腐煲 |

(S) 紅燒豆腐一定要用板豆腐嗎？

(B) 不一定啊，選擇自己喜歡吃的豆腐都 OK，只是板豆腐比較香也比較好煎。

(S) 要保持豆腐的完整好難喔，有什麼小撇步嗎？

(B) 鍋要燒熱，下鍋後不要急著翻面，待上色定型後，再翻面。

(S) 要怎麼樣皮膚才可以跟豆腐一樣？

(B) 吃豆腐補豆腐，多多吃鮮嫩豆腐吧妳 XD

紅燒豆腐煲

材料｜

板豆腐 2 塊
青蔥 2 支
薑 2 片
醬油 2~3 大匙
冰糖適量
水適量
熱炒油適量

做法｜

1. 板豆腐以廚房紙巾吸乾水分切成塊狀，青蔥切段並把蔥白跟蔥綠分開，薑片切絲備用。
2. 以 1~2 大匙油起油鍋，放進板豆腐煎至兩面金黃取出備用。
3. 砂鍋或燉鍋以適量油加熱後炒香蔥白跟薑絲，接著放入煎好的豆腐並加入適量水約至食材八分滿。
4. 續入醬油跟冰糖燉煮至入味，最後撒上蔥綠即可上桌。

廚藝界真的
不能沒有我耶～

手做漢堡排

實實在在的自家製漢堡排，切開後滿滿肉汁香氣四溢，從此再也回不去速食店的漢堡了(笑)。

材料｜

牛絞肉 300 克

豬五花絞肉 300 克

洋蔥 1/2 顆

全蛋液 1 個

鮮奶油 30ml

麵包粉 30 克

鹽適量

黑胡椒適量

橄欖油或奶油適量

做法｜

1. 洋蔥切細末，平底鍋以橄欖油熱鍋後入洋蔥末炒香至呈透明狀，放涼備用。
2. 把牛、豬絞肉放進大碗中，加入全蛋液、麵包粉、鮮奶油、洋蔥末及適量的鹽、黑胡椒拌勻，並適度摔拋。
3. 雙手沾水開始製作漢堡排，取適量肉餡左右手來回輕拍讓空氣排出然後整成圓餅狀，中間略壓會比較容易煎熟。
4. 橄欖油或奶油熱鍋，把漢堡排煎至兩面焦黃並熟透即完成。

TIPS

培根放進已預熱 150 度的烤箱烤到自己喜歡的程度、放在廚房紙巾上吸掉多餘油脂，漢堡包烤熱後，鋪上 cheese、多汁牛肉漢堡排、香酥培根片跟爽脆生菜，豪華牛肉漢堡就完成了。

海鮮煎餅

自己做的海鮮煎餅料多不手軟、香鬆又鮮美，單吃就很美味，調一碟自己喜歡的醬汁來蘸食，一級棒的口感讓人大大滿足。

材料｜

透抽 1 隻

蝦仁 12 隻
約 200 克

青蔥 2 支

紅蘿蔔隨喜酌量

麵糊｜

中筋麵粉 2 杯
(量米杯)

太白粉 2 大匙

冰水 1 又 3/4 杯

蛋 4 顆

鹽 1 小匙

做法｜

1. 蝦仁切小段，透抽去皮清除內臟洗淨後切成小塊(約同蝦仁大小)，青蔥切末，紅蘿蔔切細絲備用。
2. 把所有麵糊材料混合調勻。
3. 把做法 1. 加入麵糊混合拌勻。
4. 以適量油潤鍋加熱後舀入麵糊，用鍋鏟稍微把麵糊餡料鋪平。
5. 中小火加熱烘至蛋液凝固不會流動翻面續煎。
6. 煎至熟透即可起鍋。

TIPS

1. 這裡的麵糊大約可做兩個 23 公分的煎餅。
2. 翻面時可用比平底鍋大的盤子蓋住然後倒扣入盤，接著把煎餅另一面撥滑入鍋內續煎至熟透。

擺盤的方式

美味佳餚、合宜餐具如果再加上適度的擺盤，一道賞心悅目、令人垂涎三尺的菜式便於焉產生。我自己偏愛簡潔不繁複的擺盤方式，單純以食材本身為主角不做無謂擺飾，我希望盤裡的每一樣皆可食，也經常提醒自己不要因為擺盤而製造更多廚餘造成環保問題。分享幾個自己的經驗，如果你願意反覆練習那麼肯定能創造出自己獨特的擺盤風格。

適度留白：這是一個把餐具當成畫布的概念，菜餚是主角，適度留白凸顯主角的重要性，居中、斜擺都行，不需要太講求對仗平衡，就盡情發揮你的巧思讓菜餚成為美麗的構圖吧！

堆高呈現立體感：把食物兜攏堆高讓視角感受到層次變化，而不局限在一個平面上，視覺上的立體感傳達出菜餚更美味可口的訊息。

適度裝飾：近幾年來流行簡約風潮，裝飾過度的菜色讓人有華麗有餘而優雅不足的感覺，並儼然成為過時的擺盤方式，其實只要適度運用一些提升菜餚風味的辛香料或食材就能有搶眼的表現，比如滷牛腱旁的芫荽葉，煎羊排上綴一株迷迭香，義大利麵上桌前輕撒洋香菜葉，這都足以讓菜餚簡約優雅上桌吸引食客的目光與食慾。

選擇搭配適合的餐具：最後還是要強調餐具的重要性，一個有著漂亮器形的餐具有時候只要一放上食物就很搶眼吸睛，無須過多裝飾，切記花色繁複適合盛裝簡單的食物(例如炒青菜)，色彩繽紛的料理則選擇白色有漂亮造型的餐具最優。

甜點 DESERT

檸檬蜜漬莓果
蛋白霜餅乾
焦糖布丁
香草奶酪芒果風味
覆盆子厚鬆餅
香蕉檸檬瑪芬
檸檬糖霜磅蛋糕

檸檬蜜漬莓果

短時間快速完成滋味卻一點也不打折，酸酸甜甜單吃就美味，搭配冰淇淋或戚風蛋糕更是合拍。

材料｜

草莓 20 顆

藍莓 1 小把

現刨檸檬皮屑半顆

檸檬汁適量

接骨木花糖漿 2 大匙

蜂蜜 2 大匙

檸檬切薄片適量

做法｜

1. 草莓洗淨瀝乾對半切，藍莓 1 小把洗淨瀝乾備用。
2. 把所有材料放進容器拌勻置入冰箱冷藏約 1 小時入味。
3. 盛盤以切片檸檬裝飾即完成。

TIPS

如無法取得接骨木花糖漿可省略不用，只要適度調整檸檬跟蜂蜜的用量即可。

每次這道甜點
出現在我們家一定會
形成喪屍搶食人類的畫面！

蛋白霜餅乾

做法簡單好操作而且攜帶方便，重點當然要美味啦，一款只要兩種材料便能做出雲朵般的小甜點～外酥脆內鬆軟如雲朵般討人喜歡。

材料｜

蛋白 3 個

約 100 克

砂糖 110 克

做法｜

1. 烤箱預熱 100 度。
2. 用手提式電動攪拌器以中速把蛋白打至產生大泡沫。
3. 接著邊打邊把糖分成 3~4 次慢慢加入。
4. 以高速把蛋白打發至乾性發泡，即蛋白霜尾端挺直不會下垂，並且把容器倒扣蛋白霜也不會掉下來即可。
5. 烤盤鋪上烘焙紙，用湯匙或擠花袋塑出自己喜歡的形狀。
6. 放進烤箱烘烤約 100 分鐘。
7. 置涼後放進密封罐保存以免反潮變軟影響口感。

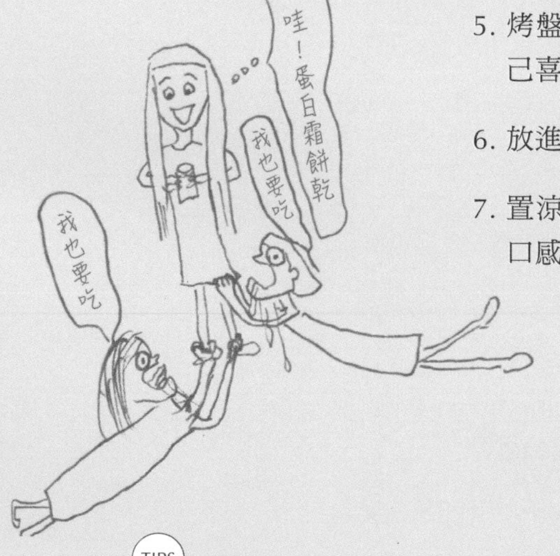

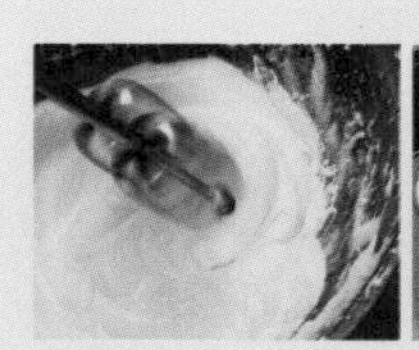

TIPS

1. 蛋白與容器均不能沾到油或水，否則便無法打發。
2. 烘烤時間需視蛋白霜餅乾大小調整，一定要烤至能輕易從烘焙紙上拿起來不沾黏，否則會黏牙喔！

焦糖布丁

自家烘焙實實在在、自然無添加化學成分，倒扣後焦糖湧出瞬間糖香、香草香，真正芳馨誘人，我家小弟說一定要大口吃。

材料｜

焦糖液

糖 120 克

冷水 30ml

熱水 30ml

布丁液｜

全蛋 3 顆加上
蛋黃 2 顆

糖 50 克

全脂鮮奶 500ml

香草莢 1 個

做法｜

製作焦糖液：

1. 把糖跟冷水倒進鍋裡以中火加熱至糖慢慢溶化，可以稍微轉動鍋子但不要攪拌。
2. 煮至焦糖變成褐色時加入熱水(往後站一些避免噴濺)，再次搖動鍋子等糖水沸騰後熄火。
3. 烤模澆進焦糖液並轉動烤模讓焦糖均勻鋪底，然後放進冰箱冷卻。

製作布丁液：

4. 把牛奶跟糖倒進鍋裡，香草莢沿長邊剖開把籽刮出，把香草籽跟莢一起放進鍋裡，煮到糖溶化微微沸騰後熄火。
5. 把蛋打散打勻但不要過度攪拌以免打入太多空氣。
6. 小心地把鮮奶液慢慢倒進蛋黃液，邊加邊攪拌(動作慢一點，避免變成蛋花)並混合均勻。
7. 用濾網過濾兩次後平均填入烤模內。
8. 把烤模放進已預熱 150 度的烤箱內，在烤盤上注入熱水約 1/2 或 1/3 烤模高，烤約 35~40 分鐘，用牙籤戳進去若無沾黏就表示熟了。
9. 小心取出布丁放涼，包上保鮮膜冷藏至少 4 小時。
10. 盛盤時，用刀子沿烤模邊緣劃一圈，把盤子倒扣在烤模上，然後一起翻轉過來，稍微甩動就可脫模倒立在盤子上。(如仍無法脫模可以把烤模底部浸入熱水約 20 秒左右)

香草奶酪 芒果風味

冰冰涼涼綴滿香草籽的小甜點，用一點點的小奢華寵愛孩子，不到十五分鐘的時間，換來的是男孩們弧線好大的笑容。

材料｜

鮮奶油 500 克

鮮奶 500 克

香草莢 1 根

糖 100 克

吉利丁 4 片（約 10 克）

做法｜

1. 吉利丁片用冰水泡軟備用。
2. 鮮奶、鮮奶油和糖一起倒入鍋內，香草莢對剖後用刀尖把籽刮起來，然後連籽帶莢一起放進鍋內開火煮到糖溶化，微微沸騰後就熄火。
3. 把泡軟的吉利丁片擰乾，趁熱拌進牛奶鍋攪拌融化。
4. 把牛奶過濾，然後填入模型杯裡。
5. 如果奶酪表面有小泡泡，可以用牙籤戳破，等到完全放涼後，覆上保鮮膜，置入冰箱冷藏約半天。

芒果醬｜

愛文芒果中型 2 顆

糖 1 大匙

檸檬汁少許

芒果醬做法｜

6. 把芒果削皮去核切成小丁，連同其他材料一起放入鍋裡煮到略微濃稠後熄火，放涼置入冰箱冷藏。

TIPS

可以自行調整配方裡鮮奶油跟鮮奶的比例，喜歡較清爽口感就減少鮮奶油增加鮮奶的比例。

覆盆子厚鬆餅

開學沒多久的補課日，所有學生萬般無奈、痛苦與鬱悶，嗯～還是只有我家男孩？拖拖拉拉終究還是掙扎著出了門，小弟不多久傳來簡訊報告已上車，我回：「Have a good day.」他回：「這個星期六 good day 不存在好嗎？」我看了大笑，果然是個不情願的補課日啊～算準他下課時間烤了厚厚蓬蓬的覆盆子鬆餅，香香甜甜擺上桌，準備迎接男孩進門後的笑臉，就希望這個補課日在你的記憶裡是個甜蜜蜜的 good day~

材料 |

20 公分鑄鐵
平底鍋 1 個

鬆餅粉 1 包 200 克

蛋 2 個

鮮奶 100ml

鮮奶油 30ml

蜂蜜 1 大匙

覆盆子餡 |

無鹽奶油 10 克

覆盆子 100 克

砂糖 20 克

做法 |

1. 烤箱預熱 170 度。
2. 把蛋打勻後加入鮮奶、鮮奶油、蜂蜜拌勻，然後加入鬆餅粉輕輕攪拌至看不到粉類就好，不要過度攪拌，以免膨不起來。
3. 烤盤加熱後放進奶油融化，續入覆盆子跟砂糖拌炒至糖融化覆盆子也變軟。
4. 把麵糊倒入後熄火，放進烤箱烤約 18 分鐘至表面金黃上色。
5. 從烤箱取出篩上糖粉後上桌，也可淋上蜂蜜熱熱吃。

dog and
banana

香蕉檸檬瑪芬

忘記先幫孩子們把早餐準備起來，只好就著手邊食材迅速備料然後喇喇ㄟ進烤箱，半個小時完成的香蕉檸檬瑪芬，表面酥酥的，珍珠糖脆脆甜香有口感，內部濕潤鬆軟，有檸檬跟香蕉交融出的清新滋味，讓賴床嗜睡的男孩甫睜開眼便有一個幸福～

材料｜

中筋麵粉（過篩）2 杯

泡打粉（過篩）2 小匙

糖 3/4 杯

原味優格 1 杯 (240 克）或鮮奶 120ml

蛋 2 顆

檸檬 1 顆

奶油 100 克

香蕉 1.5~2 根切小丁（或用叉子壓成泥）

珍珠糖或紅糖適量

做法｜

1. 烤箱預熱 180 度，奶油以小火加熱融化後放涼備用。
2. 把優格、蛋、檸檬皮屑和融化的奶油放進容器，攪拌到質地滑順。
3. 把中筋麵粉、泡打粉和糖放進容器中混合均勻。
4. 把做法 2. 的濕性材料倒進做法 3. 的乾性材料，攪拌到混合均匀（勿過度攪拌至出筋否則會變成發糕的口感）。
5. 撒上香蕉丁稍微攪拌。
6. 把麵糊舀入紙杯中，表面撒上珍珠糖，放進烤箱烤約 20 分鐘即完成。

TIPS

香蕉丁（泥）可加一大匙白蘭地拌勻讓整體香氣更提升。

檸檬糖霜磅蛋糕

搞不懂，明明媽媽非常怕酸，你卻獨獨鍾愛檸檬風味的甜點，還不忘交代要淋上厚厚酸甜糖霜，我笑著一層層抹上，感覺媽媽的心意也毫不吝嗇隨糖霜覆上，男孩 18 生日指定款，等你晚上回家來驗收。

材料｜

蛋糕體

8 吋活動式圓形蛋糕模或 23x12 的長形烤模 1 個

中筋麵粉 250 克

無鹽奶油 250 克

糖 250 克

蛋 4 顆

檸檬 2 顆
(有機無蠟的最好)

泡打粉 1 茶匙

鹽 1 小撮

檸檬糖霜｜

糖粉 120 克

檸檬汁 1 大匙

冷開水適量

檸檬半顆

做法｜

1. 烤箱預熱 180 度，烤模刷上奶油、撒上麵粉(皆分量外)備用。
2. 奶油加熱融化後放涼備用。
3. 蛋白跟蛋黃分開，把一半的糖跟蛋黃打成濃稠並呈淡黃色，且質地有點像鮮奶油。
4. 把蛋白跟另一半的糖用電動攪拌器打至硬性發泡。
5. 把麵粉、泡打粉過篩，跟檸檬皮末、鹽混合在一起。
6. 把混合後的麵粉倒進蛋黃液中，接著倒入融化放涼的奶油，輕輕攪拌至奶油與麵糊完全混合。
7. 小心拌入蛋白霜，混合均勻後倒入烤模。
8. 烤約 45~50 分鐘，中途記得把烤模轉個方向，烤到竹籤插入不會沾黏麵糊為止。
9. 烤好的蛋糕放涼後脫模，把檸檬糖霜的材料混合在一起，淋在蛋糕上就完成了。

國家圖書館出版品預行編目資料

國際廚娘的終極導師：小S與芭娜娜的生活風格料理書 / 小S與芭娜娜著.
-- 初版. --
臺北市：平裝本, 2016.11 面；公分. --
(平裝本叢書；第446種)(iDO；89)
ISBN 978-986-93793-1-1（平裝）
1. 食譜

427.1　　105019043

平裝本叢書第0446種
iDO 89

國際廚娘的終極導師
小S與芭娜娜的生活風格料理書

作　　者—小S與芭娜娜
發 行 人—平雲
出版發行—平裝本出版有限公司
台北市敦化北路120巷50號
電話◎02-27168888
郵撥帳號◎15261516號
皇冠出版社(香港)有限公司
香港上環文咸東街50號寶恒商業中心
23樓2301-3室
電話◎2529-1778　傳真◎2527-0904
總 編 輯—龔橞甄
責任編輯—張懿祥
美術設計—王象廣告事業有限公司
著作完成日期—2016年9月
初版一刷日期—2016年11月

法律顧問—王惠光律師

讀者服務傳真專線◎02-27150507
電腦編號◎415089
ISBN◎978-986-93793-1-1
Printed in Taiwan
本書定價◎新台幣450元 / 港幣150元